天使厨房

Angel'S Kitchen

Seasonal Western Cuisine

四季西餐

钟乐乐 著

山东画报出版社

序

Angel 是新西兰美食与美酒的爱好者，她的这本书包罗各种西餐美食，给中国人了解西方美食提供了新的视角。通过她的书，你们可以学到如何筹备和呈现经典的西餐。书中的美食图片令人垂涎，而她做的菜肴更是如此！

祝贺 Angel！

麦康年

新西兰驻中国大使

2017 年 7 月 19 日

Angel Zhong, a long time lover of New Zealand and of New Zealand food and wine, has cast her net widely in this splendid publication. Many Chinese people have an appetite for new and interesting recipes. Through Angel's book, they can satisfy their curiosity and learn how to prepare and present a wide range of dishes from many western cuisines. The images are mouth-watering. The reality even more so.

Congratulations Angel!

John McKinnon

New Zealand Ambassador to China

19 July 2017

前言

世界各国的美食与文化有着密不可分的联系。可以说，美食是了解一个民族和国家的一扇窗。我曾在美国学习和工作了十年，后又由于工作原因进入食品进口行业，去过挪威、法国、比利时、德国、荷兰等国家，品尝过很多当地的特色美食。凭着对美食的直觉、兴趣和热爱，我执着地踏上了这美食探索之旅。

美食无国界。当周围的朋友都在谈论学做西餐如何难的时候，作为一名美食爱好者，我想通过自己对西餐的认识和了解，在博客和微信平台上与大家分享这些食谱，让更多的朋友能够轻松地学会做西餐。

这本书收录了西餐的经典家庭食谱，按照春、夏、秋、冬四个季节，遵循“适食而食，不时不食”的自然定律，选择应季食材来制作，同时还从一个食客的角度讲述了相关美食的逸事和典故，能帮助大家了解更多的西方饮食文化。这些食谱都经过我反复制作并得到朋友们的良好反馈。为了更加适合中国人的口味，我对部分食谱进行了适当改良。

一般来说，西餐的食材比较贵，提前计划和集中采购可以节省不少时间和金钱。大家可以参照书中的“每周食谱”，提前准备自己和家人所喜好的食材。书中在每份食谱的后面附有完整的“食材购物筐”栏目，大家可以提前勾选相应食材，方便集中采购。要知道，这可是你接下来大展厨艺非常重要的环节哦！

现代人的工作和生活节奏快，闲暇时间自己在家动手做做西餐，享受一下和家人、朋友在一起时的惬意时光。按照书中这些简单易操作的食谱来制作美食，一定会为你和家人的生活带来小惊喜。相信我，让我们一起来品味生活的美好和快乐吧！

目录

CONTENTS

第一部分
西餐基础

众所周知，西餐与中餐有很大不同，这也正是东西方文化差异所在。

有人说西餐重形式，中餐重内容。的确，这一点在厨房用具、餐桌摆放及用餐礼仪等方面表现得更为明显。

许多朋友说自己喜欢西餐，但又怕露怯。其实，西餐并不神秘，多尝试几次就可以了。制作上也不难，只要你有兴趣就一定能学会。

本章节重点介绍了西餐中的基础用具，常用的香草、香料，常用原料，常用基础沙拉酱汁，常用基础汤底，意大利面基础酱汁，基础派皮制作和烘焙打发基础知识等常用知识。在后续餐酒的搭配中，还有一些基本的西餐餐酒文化与大家分享。

好了，首先来跟我认识一下这些在家庭厨房中必备的西餐用具吧，它们会让你在厨房里展示厨艺时更加得心应手！

一 基础用具

在下厨之前，我们首先要了解自己的厨房，选择合适的厨具是完成烹饪的前提，但这并不意味着需要买很多厨具，只要最基本的就可以了。下面让我们来了解一下常用的厨具。

1 锅具

Pots

荷兰炖肉锅（Dutch Oven）

这款多功能锅是炖肉所必不可少的，也可以胜任炒、焖等工作。一般为 5—6 斤的重的铸铁锅。厚厚的底部使其受热时热量可以均匀分布，配套的盖子可以锁住水分和气味。

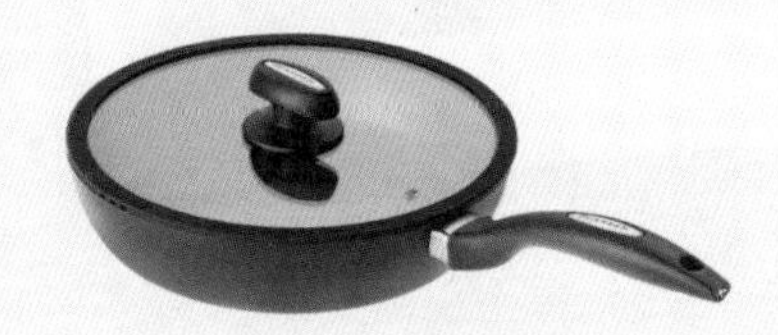

平底锅（Nonstick Skillet）

平底锅一般直径 20—25 厘米为佳，可以用来煎或炒，十分便捷。目前市场上以不粘涂层的材料居多。

深烤盘（Roasting Pan）

这是一种可以放在炉灶上和烤箱里的一种烤盘。高度为 7.5 厘米左右，最适合烤整只鸡或整条鱼等体积大的食材。

小锅（Sauce Pans）

直立有高度的侧壁，可以防止水分快速散失，一般用于做酱汁。

炒锅（Wok）

形如中国的炒锅，一般用于煎、炸食物，但锅底是平的。另配有金属搁架，方便食物控油。

2 刀具

Knife

在中餐制作中，同一种刀可以切菜、切熟食甚至雕刻装饰物。而西餐刀则根据不同的用途而类型各异。下面介绍的是家庭常备的刀具。

切肉刀（Cleaver）

用来将肉切块。

厨师刀（Chef’s Knife）

多功能刀，是最必不可少的刀，长而宽且重。

去皮刀（Paring Knife）

修剪食材，主要是去核和去皮。

齿刀（Serrated Knife）

专门切面包、蛋糕一类的食品。

厨房剪刀（Kitchen Shears）

使用高质量不锈钢制作的剪刀。

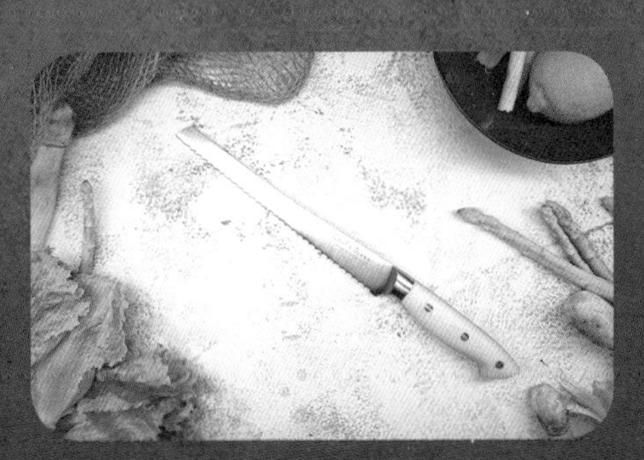

3 烘焙用具

Baking Untensils

关于烘焙用具，初学者一定要按需购置、宁缺毋滥。因为我们希望烹饪带来的是乐趣，而不是把厨房变成用具展览会。

厨师机（Kitchen Machine）

厨师机的主要功能就是搅拌、和面，从而解放双手，让人从中享受烹饪的快乐。一般市场上厨师机的品牌众多，大家可以根据自己的经济实力去选购一款适合自己的。如果有条件的话，选择专业性更强的品牌会让你在使用时更加得心应手。

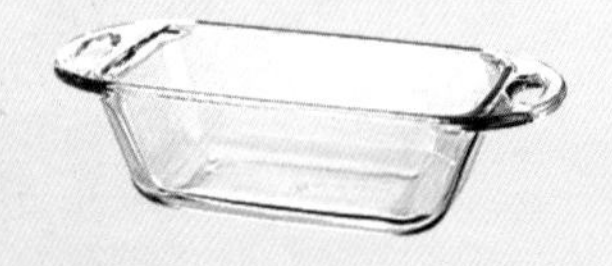

长方形面包模具（Loaf Pan）

传统尺寸为长 12 厘米，宽 21 厘米，高 11 厘米。

圆形派盘（Pie Plate）

派盘有玻璃的、铝制的、烤瓷的，一般都有一定深度。

圆形挞盘（Tart Pan）

烤盘边缘比派盘低，分不同的型号。

圆形披萨烤盘（Pizza Pan）

意大利披萨烤盘一般也是分不同尺寸的，一般深度介于挞盘和派盘之间。

天使蛋糕模（Angel Cake Pan）

独特的设计，使其加热时里外受热循环均匀，不必担心在烘烤过程中食物的中心部分会塌陷。

松糕模具（Muffin Tins）

传统松糕模具一般为 6 个杯或者 12 个杯的。

烘烤油纸（Nonstick Baking Mat）

一种耐高温油纸，可以反复使用，不必为每次刷洗烤盘而发愁。

烘烤纸（Baking Paper）

烘烤饼干或者蛋糕卷等所用的一次性专用纸。

量勺、量杯、厨房秤
（Measuring Spoon, Measuring Cup, Kitchen Scales）

西餐烘焙讲究定量，各配料比例一定要准确，所以，量勺、量杯、厨房秤是必备物品。

4 其他用具

Other Untensils

食物调理机（Food Processor）

是搅拌、粉碎和打汁的好帮手。

手持搅拌器（Hand Blender）

主要适合打发各种少量的湿性原料，方便实用。

打蛋器（Whisk）

家庭中常用的工具，用于打散鸡蛋、其他混合液体等。

电烤箱（Oven）

市场上有各类不同功能的烤箱，从实用角度出发，选择一款适合自己的最为重要。烤箱内部至少可分为两层（三层以上更佳）。建议选择容积在 24L 以上的。烤箱的标准配置包括：烘烤盘（Cookie sheet），一般采用铝制品；烤架（Wire rack），主要是为了放凉刚出烤箱的食品。

刷子（Brush）

用于刷油或蛋液，目前市场上主要是以硅胶、毛刷为质地的。

硅胶刮刀（Spatula）

食品级硅胶质地，用于干料与湿料的搅拌。同时刮取食料时可以刮得干干净净，容器内不留残余物。

榨汁器（Juicer）

主要用于各类水果、蔬菜的榨汁，方便实用。

擦菜板（Grater）

使用范围较广，具有擦丝、擦片等功能。

常用量勺、量杯容量换算表		
1/4 tsp	1/4 茶匙	1.25 ml 毫升
1/2 tsp	1/2 茶匙	2.5 ml 毫升
1 tsp	1 茶匙	5 ml 毫升
1/2 tbsp	1/2 大匙	7.5 ml 毫升
1 tbsp	1 大匙	15 ml 毫升
1/3 cup	1/3 杯	80 ml 毫升
1/2 cup	1/2 杯	125 ml 毫升
1 cup	1 杯	250 ml 毫升

二 常用的香草和香料

1 香草

Herbs

香草中所用的英文单词 Herb，来自拉丁语 Herba，意为绿色的草。而现今意义上的香草，是指有特殊香味的草本植物，具有去腥解腻、赋香及装饰等作用，也为餐桌增添了异国情调。

西餐香草大多原产于地中海沿岸，常用的如下：

罗勒（Basil）

多用于地中海菜式，尤其是意大利风味的菜式。甜罗勒（sweet basil），具微微的辛辣味道和甘草香气，适合与奶酪、番茄、大蒜等食材配合。而深紫色叶子的罗勒（opal basil），虽不多见，但可为夏季沙拉增添色彩和香味。还有圣罗勒（holy basil），即九层塔，如薄荷、肉桂及甘草混合的气味，多用于亚洲和泰式菜肴中。

细叶芹（Chervil）

纤细的外形如芹菜，但比芹菜娇小很多，香味也比芹菜细腻，因此叫细叶芹。其实更像迷你胡萝卜娇柔的叶子。由于细叶芹在早春时节第一个发芽，所以被视为具有创造新生命功能的“希望香草”。西方民间传说，食用细叶芹能给人带来快乐和智慧。

其新鲜淡雅的香气更适合添加在各种酱汁中，用于平衡或提升各种食材的味道，细叶芹在法国被称为“美食家的香草”。

细香葱（Chives）

它是葱家族（包括洋葱和大蒜）中最小的成员，特点是其地下根部没有大的鳞茎，但有温和的洋葱香气及轻微的辛辣。细香葱在西餐中的用途非常广，几乎适合各色菜式。其翠绿纤细的枝叶也是最好的装饰品。由于它修长的细茎非常娇嫩，最好是将其用厨房专用剪刀剪碎或利刃刀具切碎。

迷迭香（Rosemary）

有着松针的样子和强烈的香味。它通常与橄榄油及大蒜搭配，为烤牛排、烤羊排、烤鸡、烤鱼及烤土豆等蔬菜带来鲜明的地中海风味。由于香味浓郁且持久力强，一定要掌握好用量，否则会盖过其他食材的味道。

芫荽（Cilantro）

俗称香菜。有趣的是，芫荽虽原产于地中海，在西餐却几乎不用。因为其古希腊语的意思是“臭虫”，所以欧洲人不喜欢这种味道（奇怪的是欧洲人却愿意使用芫荽的种子 [Cilantro seed] 入菜），反倒是拉丁美洲和亚洲菜肴中比较常用。这款香草味道明显，可搭配各种食物。

莳萝（Dill）

莳萝的外形特别像茴香，都是羽状的叶子，味道也差不多，但还是有区别：莳萝比茴香的味道更细腻。莳萝与沙拉、汤及酱汁组合都不错，搭配鱼类尤其是三文鱼味道最佳。

薄荷（Mint）

薄荷与肉类、禽蛋类、海鲜、奶酪、蔬菜、水果都可以搭配，可以用来制作各种菜式。尤其在甜点、冷饮、鸡尾酒和茶中，薄荷清凉的香气让人感觉清爽而镇静。

牛至（Oregano）

牛至其特有的芳香夹杂着苦涩的气味，在意大利菜中常常使用，尤其是制作披萨不可或缺，因此也有“披萨草”的别称。其实在以番茄为底味的菜肴中，如意大利肉酱面中的酱汁、烤海鲜、家禽肉等都适合添加。牛至也是希腊菜中最喜欢用的香草。

欧芹（Parsley）

也叫荷兰芹或法香。叶子皱皱的，一簇簇地生长，香味较浓，为西餐的基础香草。它用途广泛，生吃熟食都可以，多用于沙拉、酱汁及装饰，是地中海菜肴中主要的香草。还有一种平叶的品种——意大利欧芹（Italy Parsley），香味较温和，与柠檬、大蒜及橄榄油等是绝好的搭配。

鼠尾草（Sage）

灰绿色叶片上有天鹅绒般的细绒毛，带有一点苦涩香味是搭配较肥腻肉类的最佳组合，如为牛羊肉、猪肉、家禽及香肠等馅料增添风味。香肠的英文单词 Sausage，就是由 sau（腌过的猪肉）+ sage（鼠尾草）组成。

百里香（Thyme）

百里香散发着高贵优雅、令人陶醉的芳香，香味温和而持久，是西餐厨房必备也是最受欢迎的香草之一。常用于法餐和地中海式的各种肉类、蔬菜的搭配，并可为馅料、酱汁和汤提味。

2 香料

Spices

香料是有芳香或辛辣气味植物的根、皮、花、果实、种子、豆荚及叶片等，大多产自热带地区，且多为干制品，因此气味浓郁。

香叶（Bay Leaf）

香叶是月桂树的叶子。叶子通常晒干后使用，这样香味更加醇厚，还可以消除一些天然的苦味。是西餐基本香料之一，可以用于炖肉、煮汤及酱汁里，用来增加香味，尤其在肉类、海鲜、蔬菜及野味烹调中表现最为突出。装盘时需将香叶去掉。

小豆蔻（Cardamom）

来自印度的一种香料。绿色的豆荚内含有细小的黑色种子，散发着令人兴奋的芳香。西餐中会将其用在汉堡、牛肉、香肠、火腿和腌小黄瓜中提味，而阿拉伯国家主要用其为咖啡增香。

肉桂（cinnamon）

是桂树干燥的树皮，加工成圆筒形状，辛辣中带甘甜的味道。斯里兰卡的肉桂最好，比中国桂皮（Cassia）的香气更细腻。西餐中人们常常将其研磨成粉末，用于各种糕饼、水果蜜饯等甜食及咖啡等饮料中。如美国的苹果派、奥地利皇家甜点“苹果卷”，以及意大利“卡布其诺咖啡”等。

丁香（Clove）

香味浓郁，由桃金娘科植物未开放的花蕾干制而成，因形状如钉子而得名。原产于印尼马鲁古群岛。肉类、甜品中都会用到丁香。

肉豆蔻（Nutmeg）

肉豆蔻树的种子。质地坚硬，研磨后散发着强烈的芳香，其假种皮也同样甘甜而芳香。用于各种肉类及奶油、牛奶和鸡蛋为主的菜肴中，如美式“苹果焗猪排”、热狗及“汉堡牛肉”等，更适合奶油蛋糕、甜面包、甜甜圈、小松饼、饼干、冰激凌及水果沙拉等。

胡椒（Pepper）

是西餐里用量最大的香料，适合于肉类、家禽、海鲜、蔬菜等各种食材，因此有“香料之王”的别称。胡椒最好现用现磨，方能保持最佳风味。常用的有黑、白两种胡椒，黑胡椒适合牛、羊、猪、鹿等红肉，而白胡椒则搭配家禽、鱼类等白肉。白胡椒是由黑胡椒去掉外皮而来，所以没有黑胡椒辛辣。

八角（Star Anise）

也叫八角茴香，八个角的放射形状似星芒。八角可以除肉中的臭气，有甜味和强烈的芳香气味，是烹饪肉类菜肴不可少的调味品。

香荚兰（Vanilla）

俗称香草，是原产自南美热带的一种兰科藤本植物的豆荚。经发酵后散发着细腻的香甜气味，迷人而持久。使用时将豆荚用小刀纵向剖开，将里面细小的籽粒刮起。最适用于烘焙的甜点及饮品，如蛋糕、布丁、松糕、饼干及冰淇淋、咖啡、巧克力、酸奶、奶昔等，有“香料皇后”的美誉。

大蒜（Garlic）

大蒜强烈的辛辣，有压腥去膻、刺激食欲的作用。法国、意大利、西班牙等菜系都会使用大蒜调味，如法国“蒜茸面包”、意大利“罗勒酱”及希腊“大蒜薯泥酱”等。

姜（Ginger）

原产印度的一种地下根茎，具辛辣及芳香气味。欧美地区习惯用的是干姜或姜粉，多用在甜食或烘焙制品中。如英国“姜饼”、姜味布丁，美式“姜味酥饼”，瑞典“姜味小饼干”等。

芥末（Mustard）

由芥菜的种子磨成粉末状而得名。再添加水、醋、葡萄酒、面粉及其他香料混合而成就是芥末酱，因此西方芥末酱多是酸味的。芥末的种类较多，如英国牛头芥末粉、法国第戎芥末酱及美国旗牌芥末酱等，可以搭配肉类、海鲜等食用，有开胃、解腻的作用。

洋葱（Onion）

洋葱是西餐最常见的香料，没有洋葱就没有西餐烹饪艺术。生食味道偏辣，常为沙拉及调味汁增添风味，如墨西哥“莎莎酱”等加热后辛辣程度会减弱，味道会变得甜润。最具代表性的菜品如“意大利洋葱酱”“法国洋葱汤”等。

红椒粉（Paprika）

是一种甜红椒加工成的辣椒粉。色泽鲜艳、味道温和、微辣回甜，是匈牙利“红椒粉烩牛肉（Goulash）”必须用到的。从巴尔干半岛到西欧，从近东至中东的菜式中也常用到。

SWISS MOUNTAIN ESSENCE
APPLE | APFEL
Swiss Premium Quality
Kühne
Easy Dosage
Aceto di Vino Bianco
White Wine Vinegar
Honey mustard
CloviS FRANCE
dijon mustard
CloviS FRANCE

三 西餐常用原料

橄榄油（Olive Oil）

市面上有许多橄榄油，因产地和品种不同，口味上有所差异。因制作工艺不同，橄榄油分两大类：初榨橄榄油（extra Virgin olive oil）和橄榄油（olive oil）。初榨橄榄油是第一道榨出的油，品质好、价位高，但不耐高温，所以适合凉拌、制作沙拉。如果是中低温烹饪，推荐使用橄榄油。

红酒醋（Red Wine Vinegar）

以葡萄为原料，用醋酸菌经过天然发酵制成，带有果香的醋，是油醋汁的主要原料。

白酒醋（White Wine Vinegar）

白酒醋虽然是用白葡萄酿造的，但其实不是白色的，浅中带绿、草绿或浅黄。

意大利香醋（Balsamic Vinegar）

意大利香醋也叫意大利黑醋，由葡萄浓缩果汁经数年在桶内熟化而成。颜色跟中国的陈醋相仿，它含糖量多，相对于葡萄醋要黏稠一些。

酿制意大利香醋最低要 12 年，其用途广泛，可以用于沙拉、肉类、甜品中。

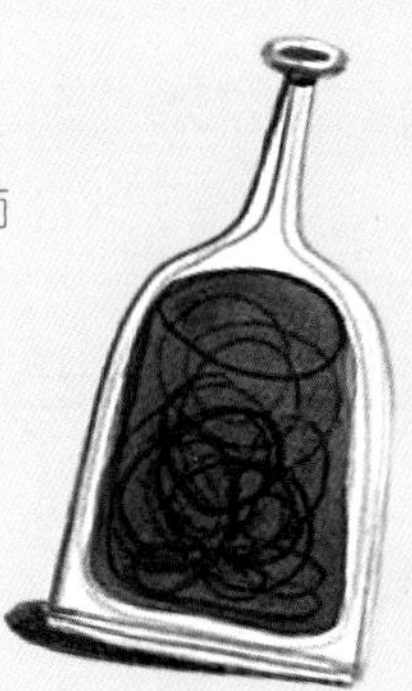

法式芥末（French Mustard）

法式芥末酱带点微酸的滋味，分辣与不辣两大类，在法国有一百多个品种。法国的蛋黄酱中一定加入芥末调味。也可以当作蘸酱，佐食油炸食物，提味解腻非常适合。

第戎芥末（Dijon Mustard）

因产地得名，也叫大藏芥末，是西餐常用的一种芥末，有整粒粗芥末和细芥末酱两种。主要用于各种肉制品，味道醇香，营养丰富。

黑橄榄（Black Olive）

在地中海沿岸国家，常以腌制的橄榄作为开胃小菜，而意大利人经常食用的是成熟的黑橄榄。它外形较长，体积较大，呈紫黑色，肉厚味浓，酸咸开胃，在制作面包和披萨中也常使用。

青橄榄（Green Olive）

也叫绿橄榄，是由未成熟的橄榄果实腌制而成，口味酸涩。去核的产品会在中间酿入甜红椒，因此又叫酿水榄。

黄油（Butter）

分有盐的和无盐的两种。有盐黄油可搭配面包或者咸味菜肴使用，无盐黄油则常用于甜品中。

面粉（Flour）

面粉分高筋面粉、低筋面粉。高筋面粉更适合做面包。蛋糕、饼干和重磅蛋糕常使用低筋面粉。

奶油（Cream）

分甜奶油和淡奶油两种。甜奶油一般作为蛋糕上面的装饰，也有在制作过程中使用的，主要使香味更加醇厚。建议使用动物性奶油。淡奶油用于咸味奶油类的菜式。

奶油奶酪（Cream Cheese）

是奶酪的一种，奶油的成分多于其他的奶酪，是制作奶酪蛋糕必不可少的原料。口感微酸，滑润细腻。

可可粉（Cocoa powder）

是由可可豆脱脂后制成的粉状材料，一般用于在巧克力蛋糕中增加风味或作为装饰。

巧克力（Chocolate ）

巧克力是可可豆发酵炒制后压榨成的可可液块。主要成分是可可脂，其含量不同用途也不一样，是制作巧克力蛋糕的原料之一。

香荚兰（Vanilla）

香荚兰的籽用以提升甜品的香甜气味。整枝的香荚兰可以埋在白糖中长期保存，同时可以使白糖有特殊香气，一举两得。

朗姆酒（Rum）

朗姆酒是以甘蔗为原料制成的蒸馏酒，多用于提升甜品的风味。

苏打粉（Baking Soda）、泡打粉（Baking Powder）

苏打粉和泡打粉都是膨松剂，用于在烘焙的过程中使面团发酵蓬松。这两种膨松剂的原理都是通过发生化学反应释放二氧化碳。这些二氧化碳气体会在面团中形成气泡，使面团膨胀。

苏打粉简称 B.S，是一种碱性物质。它在含有酸性物质的配方里发挥作用。

泡打粉简称 B.P，是一种复合膨松剂，由碱剂、酸剂、填充剂组成。

吉利丁（Gelatin）

又称明胶、鱼胶，是主要从动物骨头中提炼的胶质。市面上主要有吉利丁片、吉利丁粉，被广泛应用于慕斯蛋糕、果冻等甜品的制作中。通常呈半透明黄褐色，有腥臭味，因此使用之前需要用冷开水泡软、去腥。

四 常用基础沙拉酱汁

西餐中的沙拉酱汁有上百种，但万变不离其宗，只要我们掌握几种基础酱汁的调制方法，再根据个人喜好添加不同口味，随意组合，就可以创造出属于自己的专属配方。以下四款常用基础酱汁是在家里容易操作的，市面上容易购买到的蛋黄酱未列其中。

法式酱汁

French Dressing

准备时间：5 分钟

制作时间：5 分钟

参考分量：750 毫升

主料：

橄榄油 350 毫升、红酒醋 120 毫升、番茄沙司 175 毫升、蛋黄酱 175 毫升

配料：

洋葱 1/4 个、糖 200 克、柠檬半个、红椒粉 5 克

调料：

盐 3 克

做法：

1. 将洋葱切丝后，把所有材料放入搅拌机中搅拌均匀。
2. 放入密封罐中，可在冰箱保存一周左右的时间。
3. 食用时再摇匀乳化即可。

小提示

法式酱汁简称法汁，通常油与醋的比例是 3:1。

恺撒酱汁

Caesar Salad Dressing

准备时间：5 分钟

制作时间：10 分钟

参考分量：170 毫升

主料：

蛋黄酱 125 毫升

配料：

柠檬汁 15 毫升、蒜 1 头、鳀鱼酱 2.5 毫升、第戎芥末 2.5 毫升、伍斯特沙司 2.5 毫升、帕玛森奶酪 80 克

调料：

海盐 2 克、黑胡椒 2 克

做法：

1. 将蒜切片后，把所有材料放入搅拌机中搅拌均匀。
2. 装入密封罐中，放进冰箱保存。

小 提 示

恺撒酱汁与恺撒沙拉制作材料相同，主要由橄榄油、奶酪和柠檬汁组成，是调拌恺撒沙拉的最佳的酱汁。

柠檬油酱汁

Lemon Oil Dressing

准备时间：5 分钟

制作时间：10 分钟

参考分量：160 毫升

主料：鲜柠檬 1 个

配料：特级初榨橄榄油 150 毫升

调料：海盐 3 克、现磨黑胡椒 3 克

做法：

将柠檬榨汁与橄榄油、盐、黑胡椒放入瓶中盖紧盖子，摇动瓶子，使所有成分充分混合即成。

小提示

适用于烟熏三文鱼沙拉。现做现吃，冷藏保存，24 个小时内食用味道最佳。

香醋酱汁

Vinaigrette

准备时间：5 分钟

制作时间：10 分钟

参考分量：240 毫升

主料：白葡萄酒醋 65 毫升、特级初榨橄榄油 160 毫升

配料：水 30 毫升、丁香 2 个、八角 1 个

调料：海盐 6 克、现磨黑胡椒 3 克

做法：

在一个小锅中加入醋、丁香、八角以及水。煮沸，至液体减少一半后冷却。然后灌入瓶中。加入油、盐和胡椒，盖紧盖子摇动均匀即可。

小提示

搭配奶酪类或冷烤牛肉类沙拉都很棒。

五 常用基础汤底

西餐中的基础汤就如我们中餐的吊汤，关键在于时间和火候的把握。因为西餐不加味精、鸡粉等鲜味剂，一个好的汤底还可以用来为菜品提鲜。下面就介绍几款适合日常家庭的基础汤。

鸡 汤

Chicken Broth

准备时间：10 分钟

制作时间：60 分钟

参考分量：4 人份

主料：

鸡架骨 2 个、洋葱 1 个、胡萝卜 1 个、芹菜杆 1 根

配料：

水 1000 毫升

调料：

百里香 5 克、香叶 1 片

做法：

1. 高压锅中放入冷水并下入鸡架骨，加水，没过锅中的食材就可以，煮沸后去浮沫。
2. 放入百里香、香叶及切好段的洋葱、胡萝卜和芹菜，加压煮 30 分钟。
3. 将煮好的鸡汤撇去表面的浮油，再过滤杂质，使汤清澈，晾凉后放入冰箱储存。

小 提 示

- 可以购买大型方格冰块盒来速冻高汤，即便于快速冷冻，又方便之后的使用。
- 冷冻可以保存 3 个月，冷藏则可以保存 3 天。
- 用高压锅是为了节省时间，也可以使用厚底锅文火煮 3 个小时。

牛肉汤

Brown Stock

准备时间：10 分钟

制作时间：120 分钟

参考分量：4 人份

主料：

牛骨 2 根、牛碎肉（筋头）500 克、洋葱 1 个、胡萝卜 1 个、芹菜秆 1 根

配料：

水 1000 毫升

调料：

黑胡椒 3 克、百里香 5 克、香叶 2 片

做法：

1. 烤箱预热 200℃。
2. 将牛骨以及筋头等下脚料碎肉烤 30 分钟，之后加入切成段的蔬菜，加入黑胡椒后再继续烤 10 分钟，直至牛骨及碎肉等变黄并焦香。
3. 将上述烤好的食材取出，放入高压锅中，添水没过材料，加入百里香、香叶，加压煮 30 分钟。
4. 将煮好的牛肉汤撇去表面的浮油，再过滤杂质，使汤清澈。晾凉后放入冰箱储存。

小提示

在英文中，牛肉清汤叫牛肉茶（Beef tea），因其汤色如茶，清澈见底而得名。

鱼 汤

Fish Stock

准备时间：10 分钟

制作时间：60 分钟

参考分量：4 人份

主料：

白鱼骨头 1000 克、洋葱半个、芹菜秆 1 根、胡萝卜 1 个

配料：

白葡萄酒 125 毫升、水 1000 毫升

调料：

白胡椒 5 克、香叶 1 片

做法：

1. 先将鱼骨、洋葱、芹菜和胡萝卜切大块，再分别放入平底锅中煎至两面焦黄，之后倒入白葡萄酒继续炒 5 分钟。
2. 在锅中加入水，煮沸后转文火煮 35 分钟。
3. 鱼汤过滤后冷却。

小 提 示

冷冻之后去除上面的油脂。鱼汤单独食用会有腥味，可以加入海带去腥味。

蔬菜清汤

Vegetable Stock

准备时间：10 分钟

制作时间：60 分钟

参考分量：4 人份

主料：

洋葱 1 个、胡萝卜 1 个、芹菜秆 1 根、蘑菇、芦笋、茄子、带皮蒜 1 头、西葫芦适量

配料：

水 1000 毫升

调料：

白胡椒 3 克、香叶 2 片、百里香 5 克

做法：

1. 将各类蔬菜切块，蒜整头洗净对半切开。
2. 再加水和所有调料熬制 30 分钟。
3. 过滤冷却。

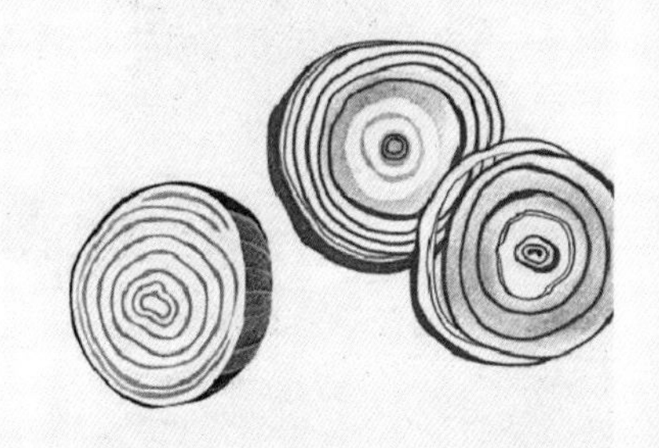

小提示

主料中的蘑菇、芦笋、茄子、西葫芦等都是下脚料，作用是提鲜。

蔬菜清汤制作步骤

步骤 1

步骤 2

步骤 3

步骤 4

六 意大利面基础酱汁

一般情况下，意大利面酱汁分为番茄酱汁、罗勒酱汁和奶油酱汁，有人按其颜色称之为红酱汁、青酱汁和白酱汁。

番茄酱汁

Tomato Sauce

准备时间：10 分钟

制作时间：60 分钟

参考分量：500 毫升

主料：

番茄 6 个、意大利去皮番茄罐头 1 听（680 克）

配料：

橄榄油 100 毫升

调料：

海盐和现磨黑胡椒混合 10 克、大蒜 4 瓣、牛至叶 10 克、新鲜法香 50 克

做法：

1. 将番茄放入 95℃左右的热水中烫 30 秒，捞出投入冷水中迅速剥去外皮。再将番茄和大蒜分别切碎。

2. 把锅烧热之后倒入橄榄油，先放入蒜碎炒香，再加入番茄碎，文火炒 20 分钟后加入调料。在锅中用手持搅拌器将酱汁充分打碎后，继续炒 20 分钟，让香味充分融合即可。

小提示

意大利去皮番茄比意大利番茄酱风味更佳，但如果在市场上买不到去皮番茄，也可以用意大利番茄酱代替。

罗勒酱汁

Pesto Sauce

准备时间：10 分钟

制作时间：20 分钟

参考分量：250 毫升

主料：

鲜罗勒叶半斤

配料：

大蒜 3 瓣、帕玛森奶酪碎 15 克、松子仁 10 克、橄榄油 250 毫升

调料：

海盐 6 克

【一食一记】

这是意大利南部城市热那亚（Genoa）的一款著名酱汁，风味独特、色泽碧绿。台湾人称其为青酱。

做法：

1. 将罗勒叶清洁之后，每片叶子都擦干水。
2. 将罗勒叶放入搅拌器中，先倒入少量橄榄油进行初步搅拌。
3. 加入蒜、松子仁及剩余的橄榄油，把所有食材充分搅拌均匀。
4. 最后加入海盐和帕玛森奶酪碎进行调味，搅拌均匀的青酱可以放入空瓶中备用。

小提示

为了保持青酱的碧绿色泽，建议把所有食材以及用具先冷藏 15 分钟。这样做可以避免搅拌器高速运转时产生的热量影响罗勒酱碧绿的色泽。

奶油酱汁

Cream Sauce

准备时间：10 分钟

制作时间：20 分钟

参考分量：500 毫升

主料：

面粉 50 克、黄油 45 克

配料：

牛奶 250 毫升、淡奶油 100 毫升、鸡汤 150 毫升、洋葱 1/4 个

调料：

盐 2 克、白胡椒粒 2 克、香叶 1 片

做法：

1. 将厚底锅在文火上烧热后加入黄油、洋葱碎、香叶及白胡椒粒。再加入面粉并调整到小火，用木铲不断地搅拌。
2. 炒出香味，但不能上色。
3. 先后分三次加入热牛奶，搅拌均匀后，再兑入鸡汤和淡奶油。文火烧开至酱汁浓稠。
4. 将奶油酱汁过滤后加盐。

小提示

西餐中的奶油汤，是在汤中兑入奶油酱汁而成。

七 基础披萨面坯制作

制作披萨应该必备的几种用具有：

- **量杯和量勺。**
- **面板：准备一个大的面板，因为擀制披萨需要较大空间。同时也建议把厨房台面清洁干净，充当面板。**
- **披萨烤盘：通常为圆形，有不同的尺寸，可根据家里的烤箱大小而定。**

准备时间：10 分钟

制作时间：120 分钟

参考分量：9 寸

（尺寸：23cmx23cmx2.5cm）

主料：

高筋面粉 150 克

配料：

温水 100 毫升、干酵母 2.5 克

调料：

盐 3 克

做法：

1. 将酵母放入温水中，搅拌均匀之后静置 10—15 分钟，直到起泡。
2. 在盆中先放入一半的面粉，逐步兑入酵母水，用手搅拌直至形成稀面团后，用保鲜膜盖住，静置 20 分钟，直到面团发起。
3. 将另外一半的面粉和盐兑入稀面团中，揉至表面光滑，再用保鲜膜盖住，静置发酵一个半小时备用（体积会比原来大两倍）。

小提示

水的温度会影响面团的发酵效果。由于水中含氯量高，所以也会影响酵母的活性。建议水的温度控制在 40—46℃之间，温度太低无法激起酵母的活性，太高则会使酵母失效。

八 基础派皮制作

准备时间：10 分钟

制作时间：60 分钟

参考分量：6 寸

（尺寸：150mm × 150mm × 20mm）

主料：

高筋面粉 150 克

配料：

冷冻黄油 60 克、冰水 35 毫升

调料：

糖 7 克、盐 2 克

做法：

1. 将冷冻黄油切成 6 毫米的小块，并准备好冰水。
2. 在容器中倒入面粉，依次加入黄油和一半冰水搅拌，再加入剩余冰水。
3. 面粉与黄油混合物充分融合成整体面团，马上拿出放入保鲜膜中，定型压平之后放入冰箱冷藏 30 分钟备用。
4. 将派皮从冰箱拿出，擀至 1 厘米厚度的面皮，平铺到派的模具中。
5. 用手指轻按，将面皮均匀覆盖在模具上，去除模具外的多余面皮。
6. 为了防止派皮在烘烤过程中鼓起，用叉子在派底和四周均匀地插孔。
7. 此时的派皮已经做好，如果不马上使用可以用保鲜膜包裹后放入冰箱冷藏。

小提示

整个操作步骤中尽量少用手去接触面团，避免手的温度影响到面团。

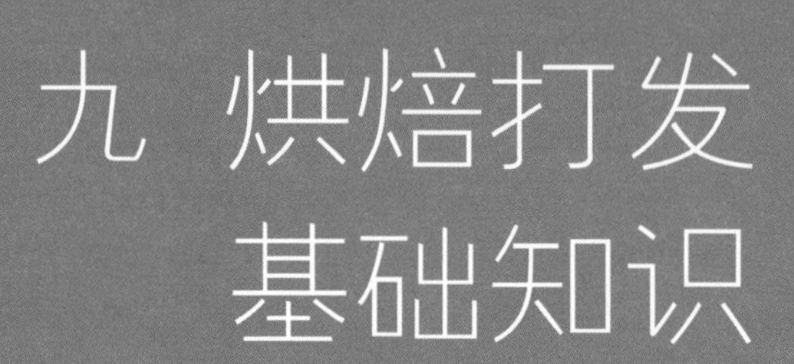

九 烘焙打发基础知识

奶油打发

在烘焙制作中，我们会常需要打发鲜奶油，又叫忌廉。由于脂肪含量各有不同，用来打发应该首先选择打发的品种。

奶油打发流程：

鲜奶油冷藏 12 小时以上 → 加入糖，手持打蛋器中速打发 → 直至体积蓬松，呈花纹状

黄油打发

黄油只有在软化状态下可以打发，千万不要将其融化为液体，因为在此种状态下是无法打发的。

黄油打发流程：

黄油软化→加入糖、盐打发→分次加入鸡蛋继续打发→呈现轻盈、细腻状态，不出现水油分离即可

吉利丁片泡发

先用冷水进行浸泡回软，使吉利丁充分地吸水膨胀，再加温水融化。

鸡蛋打发

一般分为蛋白打发和全蛋打发。

蛋白打发流程：

蛋白与蛋黄分离 → 当蛋白形成粗泡沫时，加入 1/3 糖 → 当蛋白形成比较密集的泡沫时加入 1/3 糖 → 当蛋白出现纹路时，加入剩余糖 → 湿性打发（提起打蛋器，蛋白拉出弯曲的尖角，适合于一般蛋糕如天使蛋糕）〔干性打发（提起打蛋器，蛋白拉出是短小直立的尖角，适合于戚风蛋糕）〕

全蛋打发流程：

全蛋提前从冰箱拿出回温→隔水加温打发鸡蛋 → 产生浓密泡沫变浓稠 → 蛋糊表面可以画出清晰纹路

面粉过筛

在制作甜品前，需要将面粉和粉类原料提前过筛，在避免结块的同时使其含有足够的空气，制作出质地蓬松的甜品。

第二部分 四季食谱

一 春季

天地俱生，万物以荣。经过一个寒冷的冬季，让春天的新鲜果蔬唤醒你的身体吧。绿叶蔬菜中富含的维生素和微量元素，恰好可以补充冬季营养摄取的不足。每周可以考虑安排一顿素食，帮助减轻身体的负担，也是摆脱亚健康状态的好方式。

Spring

春季时令菜

豌豆（Peas）

豌豆富含赖氨酸，能促进人体发育、增强人体免疫功能，并有提高中枢神经组织功能的作用。在西餐中多用在汤和配菜中。

白菜花（Cauliflower）

又称花菜、花椰菜，是一种营养非常丰富的食物，含有抗氧化、防癌症的微量元素，也是类黄酮最多的食物之一，是最好的血管清理剂。在西餐中常用于汤、配菜等。

欧芹（Parsley）

分皱叶和平叶两种。具有纯净、提鲜的作用，多用于汤、沙拉和酱汁。既是香草也是蔬菜，同时还是不错的装饰物。

胡萝卜（Carrot）

胡萝卜富含 β－胡萝卜素，对预防心血管疾病有好处。在西餐中，胡萝卜应用广泛，主要用于汤、沙拉、主菜的配餐还有甜品中。

瑞士恭菜（Rhubarb）

也叫君达菜、甜菜，生长着深绿而宽大的叶子，并配有紫红色的根茎。由于富含葡萄糖苷，所以经常用于烘焙中派的内馅及其他甜点。

购物筐

蔬菜、水果类

圣女果 □
番茄 □
土豆 □
胡萝卜 □
芹菜 □
白菜花 □
洋葱 □
带皮豌豆 □
红柿子椒 □
黄柿子椒 □
小洋葱 □
带枝番茄 □
香菇 □
豆腐 □
核桃 □
菠萝 □
苹果 □
青柠檬 □
牛油果 □
欧芹 □
瑞士恭菜 □
菊苣 □
生菜 □

肉、海鲜类

龙利鱼 □
猪肋排 □
鸡胸 □
鸡腿 □
新西兰 □
青口贝 □
三文鱼 □
培根 □

乳制品类

马苏里拉
奶酪 □
蓝奶酪 □
奶油 □
奶酪 □
酸奶油 □
鸡蛋奶 □

面食类

意大利面 □
意大利
螺旋面 □
全麦面粉 □
面包棍 □
汉堡面包 □

香草、香料类

肉桂 □
鲜迷迭香 □
鲜罗勒叶 □
鲜欧芹 □
干百里香 □
香荚兰 □

其他

意大利 □
番茄酱 □
蛋黄酱 □
芥末酱 □
红酒醋 □
苹果醋 □
白葡萄酒 □
红葡萄酒 □
海盐 □
红辣椒粉 □
糖粉 □
绿茶粉 □
椰丝 □
黄油 □
橄榄油 □
加拿大
枫糖 □

春季菜品

头盘

意大利蒜味面包片

Bruschetta

豌豆汤

Pea Soup

白菜花汤

Cauliflower Soup

烤时蔬

Roasted Vegetables

科布沙拉

Cobb Salad

主菜

烧烤猪肋排

BBQ Rib

鱼肉薯饼

Fish Cake

南部炸鸡配薯条

Southern-style Chicken & Fries

海鲜意大利面

Seafood Spaghetti

意大利肉酱面

Bolognese Pasta

甜品

绿茶饼干

Green Tea Cookies

纸杯蛋糕

Cup Cakes

椰丝球

Coconut Cookies

菠萝旋片蛋糕

Pineapple Upside Down Cake

核桃派

Walnut Pie

意大利蒜味面包片

Bruschetta

准备时间：5 分钟

制作时间：5 分钟

参考分量：4 人份

主料：

番茄 1 个、蒜 2 瓣、新鲜罗勒叶 3 束、法棍面包半根

配料：

初榨橄榄油 15 毫升

调料：

海盐 3 克

做法：

1. 烤箱预热 170℃。
2. 将法棍面包切片，宽度为 1.5 厘米；蒜切片，用剖面涂抹面包，让面包充分吸收蒜香味。
3. 再将面包片平铺在烤盘上，淋上橄榄油后放入烤箱烤成金黄色。
4. 将番茄去籽，切小丁，罗勒叶切碎，再加入橄榄油和海盐拌匀。
5. 用小勺将步骤 4 准备的食材放在烤好的面包上即可。

小提示

番茄去籽是为了避免番茄出汁。加入罗勒碎和盐后，搅拌动作要轻。

【一食一记】

这是一道传统的意大利开胃菜，起源于古罗马。橄榄种植者在每年压榨第一批橄榄时，用烤面包片蘸取新鲜的橄榄油品尝。

豌豆汤

Pea Soup

准备时间：10 分钟

制作时间：60 分钟

参考分量：4 人份

奶油酱汁制作方法请见 51 页

主料：

带皮豌豆 200 克

配料：

橄榄油 30 毫升、黄洋葱 1 个、芹菜秆 1 根、胡萝卜 2 根、鸡肉汤底 1000 毫升、奶油汤底 200 毫升

调料：

盐 6 克

做法：

1. 将豌豆剥皮取豆后洗净备用。
2. 将配料中的所有蔬菜切丁。
3. 平底锅烧热后加橄榄油，先放入洋葱丁中火炒香，再放入芹菜和胡萝卜丁，炒软并出香味后，加入鸡肉汤底煮沸。
4. 放入豌豆，调至文火慢炖，约 40 分钟，直至豌豆软烂。
5. 将软烂的豌豆过筛，放入食物料理机中粉碎，至浓稠后倒回锅中，煮沸后加入盐调味。
6. 加入奶油汤底，在食用时放罗勒叶进行装饰即可。

小 提 示

建议放入切碎的罗勒叶，不仅是为了装饰，也能为豌豆浓汤增添一丝香气，二者气味十分相合。

【一食一记】

豌豆汤可以说历史悠久，早在公元前500年，希腊人和罗马人就培育了豆科植物，那时候就有豌豆汤了。至今，豌豆汤也是各个国家的经典菜肴。根据豌豆种类不同，常见的豌豆汤为灰绿色或者黄色。

白菜花汤

Cauliflower Soup

准备时间：10 分钟

制作时间：30 分钟

参考分量：4 人份

主料：

白菜花 1 个

配料：

橄榄油 30 毫升、黄洋葱 1 个、大蒜 3 瓣、鸡汤 1000 毫升、奶油汤底 200 毫升

调料：

盐 4 克、白胡椒粉 3 克

做法：

1. 平底锅烧热，倒入橄榄油，放入洋葱碎和蒜瓣炒至洋葱变软并出香味。
2. 将白菜花加入鸡汤，中火慢煮 20—25 分钟，直到菜花变软后关火。将煮好的菜花汤和奶油汤底混合放入搅拌器中，打至顺滑。
3. 再把浓汤倒回锅里，用中火煮沸，最后加盐和白胡椒粉调味。

小提示

将煮熟的白菜花以及相应的时令颜色菜切丝，做装饰。

【一食一记】

菜花，又叫花椰菜、白菜花，起源于欧洲地中海沿岸，在十大健康食品中排名第四。其富含抗氧化、防癌的微量元素，可以提高机体免疫力。

烤时蔬

Roasted Vegetables

准备时间：15 分钟

制作时间：20 分钟

参考分量：4 人份

主料：

红柿子椒 2 个、黄柿子椒 2 个、小洋葱 10 个、带枝番茄 2 串、香菇 8 只

配料：

迷迭香 20 克、百里香 20 克、橄榄油 50 毫升

调料：

海盐 3 克

做法：

1. 烤箱预热 200℃。
2. 分别将蔬菜洗净，红、黄柿子椒去籽分别切成四瓣；迷迭香、百里香洗净切碎，备用。
3. 将准备好的小洋葱、番茄、香菇等蔬菜放进烤盘中。
4. 淋上橄榄油，撒上海盐，最后将迷迭香和百里香碎撒上。
5. 入烤箱 20—25 分钟至所有蔬菜变软，表面上色，边缘微焦即可。

小提示

可以按照自己的喜好烤制各类蔬菜，如茄子、西葫芦等。先淋油是为了尽量保持蔬菜中的水分，同时可以有效地吸附调料。

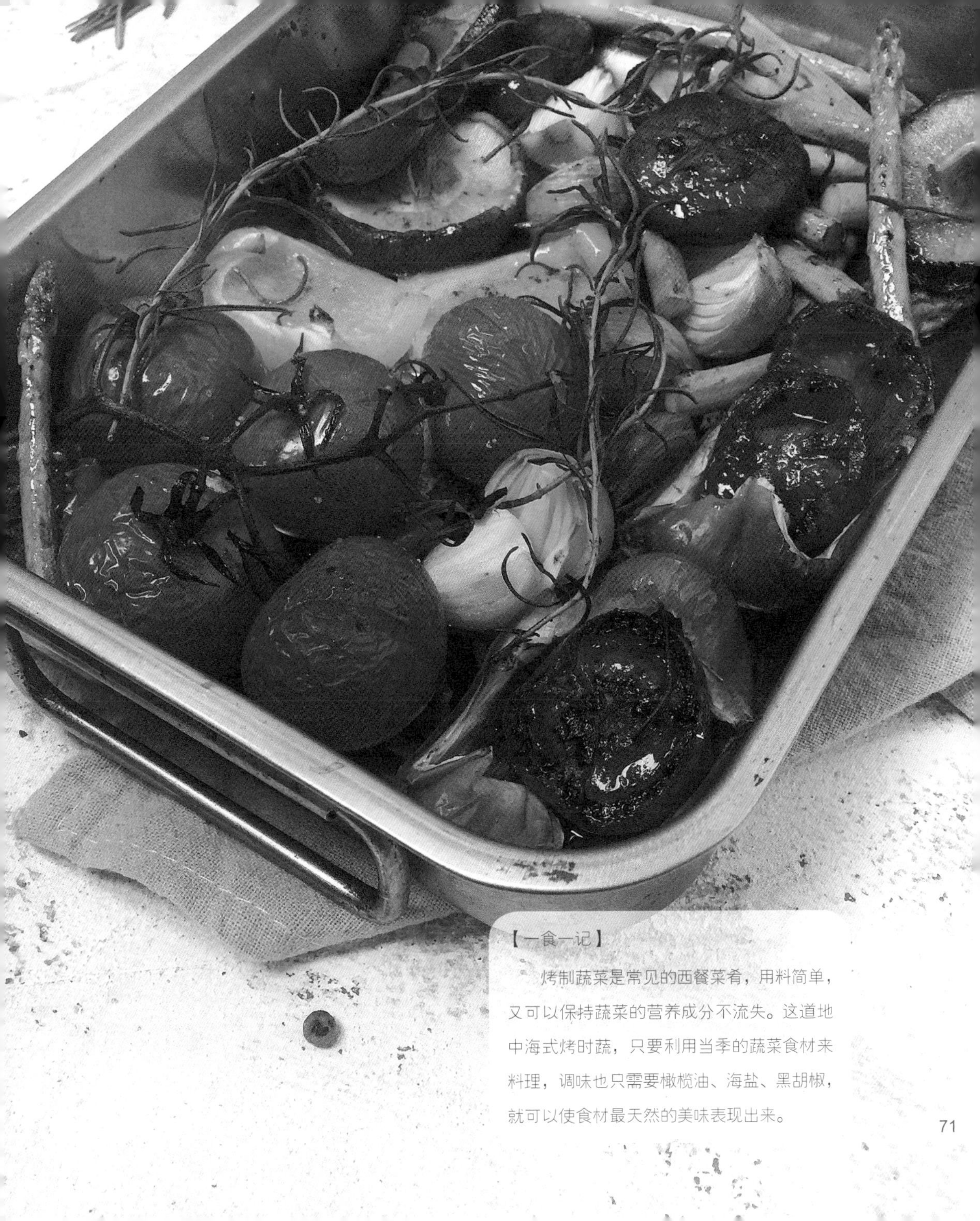

【一食一记】

烤制蔬菜是常见的西餐菜肴，用料简单，又可以保持蔬菜的营养成分不流失。这道地中海式烤时蔬，只要利用当季的蔬菜食材来料理，调味也只需要橄榄油、海盐、黑胡椒，就可以使食材最天然的美味表现出来。

科布沙拉

Cobb Salad

准备时间：15 分钟

制作时间：15 分钟

参考分量：4 人份

法式酱汁制作方法请见 37 页

主料：

菊苣 1 棵、生菜 1 棵

配料：

鸡蛋 2 个、鸡胸 1 块、培根 4 片、牛油果 1 个、欧芹 1 把、瑞士恭菜 2 根、马苏里拉奶酪 20 克

酱汁：

法式酱汁

做法：

1. 将鸡胸、鸡蛋分别煮熟后切块备用。
2. 培根用油煎熟上色，使之变脆爽。
3. 牛油果纵向切割后，去核、去皮，取出果实切块备用。
4. 瑞士恭菜切块后与其他沙拉原料混合装盘。欧芹切碎与马苏里拉奶酪碎一起摆在沙拉最上面。
5. 食用前拌入法式酱汁即可。

小提示

- 法式奶油酱汁特别适合搭配蔬菜沙拉。
- 煎培根的时候少用一些底油，因为其本身含脂肪，加热后自身出油。

【一食一记】

这道沙拉是 1930 年好莱坞布朗德比餐馆的招牌菜，由餐馆老板罗伯特·霍华德·科布（Robert Howard Cobb）创造。

烧烤猪肋排

BBQ Rib

准备时间：10 分钟

腌制时间：24 小时

制作时间：60 分钟

参考分量：4 人份

主料：

猪肋排 1500 克

配料：

芹菜秆 1 根、苹果 4 个、胡萝卜 1 个、蒜瓣 50 克、肉桂 2 根、鲜迷迭香 2 枝、苹果醋 30 毫升、红酒 1 瓶

调料：

蜂蜜 45 克、酱油（生抽）45 毫升

做法：

1. 将苹果、芹菜、胡萝卜切大块与红酒、肉桂一起放入锅中。煮沸后晾凉，作为腌肉汁备用。
2. 取一容器放入肋排，倒入腌肉汁。再加入苹果醋、蜂蜜、生抽、蒜瓣和迷迭香后入冰箱腌 24 小时。
3. 烤箱预热 200℃。
4. 将腌好的肋排码入烤盘中，烤制 30 分钟后，翻面再烤 30 分钟。
5. 把烤好的肉均匀分切好，摆盘即可。

小提示

怎样才能保证肉排烤不干？

建议在烤制的前半段时间，用锡箔纸盖住食材表面，并用叉子或者小刀戳出几个小洞。在后半段时间再去掉锡箔纸，这样既能保留肉排的水分，又能使其表面焦脆。

【一食一记】

烧烤英文单词 barbecue，源于美洲的海地土语 barbakoa，还可以写作 barbeque，简称 BBQ。

烧烤是大多数人的最爱，不同地区的烤肋排略有差别，这里介绍的是经典的美国圣路易斯（密苏里州）烤猪肋排的做法。

鱼肉薯饼

Fish Cake

准备时间：15 分钟

制作时间：15 分钟

参考分量：4 人份

主料：

龙利鱼柳 500 克

配料：

豆腐 70 克、土豆 1 个、面包糠 200 克、玉米淀粉 50 克、面粉 100 克、橄榄油 100 毫升、鸡蛋 1 个、汉堡面包 4 个、番茄 2 个、生菜叶 6 片、洋葱 1 个

调料：

白胡椒粉 5 克、海盐 3 克

做法：

1. 先将去皮的土豆蒸熟，趁热捣成土豆泥备用。
2. 将鱼肉切碎再剁成鱼泥。
3. 把土豆泥与豆腐混合，再将鱼肉泥和玉米淀粉放进去，放入海盐、白胡椒粉，搅拌均匀。
4. 将面粉、面包糠以及打散的鸡蛋液分别放入不同的浅盘中备用。
5. 把鱼肉馅分四等份做好，先沾一层面粉两面均匀附着在鱼饼上，再拖一层蛋液，最后再裹一层面包糠备用。
6. 将烧热的平底锅中倒入橄榄油，调到文火放入鱼饼。两面煎约 3 分钟，呈金黄色即可出锅。
7. 将汉堡面包对半切开，放入烤面包机中加热。将洗净的生菜、番茄和洋葱切片，依次放入汉堡中，夹上鱼饼，并淋上个人喜好的酱汁即可。

小 提 示

煎鱼饼时不要用平铲按压，且要计算好时间和火候再翻面。因为豆腐水分大，容易因过多翻动而散形。

【一食一记】

如何让孩子吃得既营养又健康，是困扰每个妈妈的问题。今天介绍的这款改良后的鱼肉薯饼，是在传统的薯饼基础上加入了鱼肉和豆腐，营养均衡，妈妈们不妨一试。

南部炸鸡配薯条

Southern-style Chicken & Fries

准备时间：20 分钟

制作时间：60 分钟

参考分量：4 人份

凯撒酱汁制作方法请见 38 页

主料：

鸡腿（琵琶腿）8 个

配料：

土豆 4 个、鸡蛋 1 个、面包糠 250 克、面粉 250 克、植物油 1000 毫升

调料：

海盐 4 克、黑胡椒 4 克、红辣椒粉 2 克、干百里香 5 克

蘸酱：

番茄酱、恺撒酱汁

做法：

1. 烤箱预热 200℃。
2. 将洗好的带皮土豆切成长角块，装在一个保鲜袋里，倒入少量的油，然后摇晃，使每个土豆条都均匀地裹上油。
3. 土豆皮向下放入不沾烤盘中，撒上盐烤 30—35 分钟，直到土豆色泽金黄，外层焦脆。
4. 将面粉加入黑胡椒、百里香、海盐和红椒粉混合成调味粉。
5. 鸡蛋液、调味粉、面包糠分别放入浅盘备用。
6. 把鸡腿先蘸满调味粉，再拖一层蛋液，最后裹一层面包糠备用。
7. 在一个深锅中倒入油，加热油温达到 190℃时，放入鸡腿炸 3 分钟，炸至金黄色捞出。中火再复炸成熟即可。
8. 把烤好的土豆条放在厨房用纸上，吸去多余的油脂，与炸鸡腿一起食用，蘸酱可以搭配番茄酱或恺撒酱。

【一食一记】

这是一道美国南部的特色炸鸡。美国的南部地区包括了 16 个州。“南方菜”通常指的也是所谓的“心灵食物”（soul food），其烹饪混合了美洲原住民、苏格兰—爱尔兰的饮食风格。

海鲜意大利面

Seafood Spaghetti

准备时间：10 分钟

制作时间：60 分钟

参考分量：4 人份

罗勒酱汁制作方法请见 50 页

主料：

意大利面 550 克、速冻新西兰青口贝 500 克

配料：

圣女果 4 个、洋葱 20 克、鲜罗勒叶 10 克、罗勒酱 25 毫升、白葡萄酒 300 毫升、柠檬汁 15 毫升、橄榄油 20 毫升

调料：

盐 4 克、胡椒 3 克

做法：

1. 在深锅中加水，水沸后加盐再煮意面。煮熟后，将意面捞出放入一个大的容器中，淋入一大勺橄榄油，搅拌均匀备用。
2. 将洋葱、圣女果、罗勒分别切碎备用。
3. 取平底锅放入少量底油，加洋葱碎放入速冻青口贝煸炒出香味。淋入白葡萄酒盖上锅盖，调至中火，不时地晃动锅，煮 5 分钟后取出。
4. 混合煮好的意面加罗勒酱拌匀，加入柠檬汁调味，最后撒上圣女果和罗勒碎即可。

小提示

- 煮意大利面需要一次性加足水，中途不需要再加水。
- 水沸后放入面条，加少许盐，煮出的面条更劲道，更有韧性。
- 意大利面种类不同，通常包装上有煮面的参考时间，遵循上面的指导即可。

【一食一记】

青口贝也叫贻贝。全世界出产贻贝的国家很多，如比利时、法国、西班牙、加拿大等。而新西兰青口贝因纯净水域和养殖标准严格、质量上乘而著名。新西兰青口贝识别很容易，就是内壳边缘有一圈漂亮的蓝绿色，因而也叫新西兰绿唇贻贝（New Zealand green-lipped mussel)。其个头比一般的青口贝大，贝肉饱满，口感甘甜。

意大利肉酱面

Bologuese Pasta

准备时间：10 分钟

制作时间：60 分钟

参考分量：4 人份

主料：

意大利螺旋面 500 克

配料：

番茄 2 个、洋葱 1 个、胡萝卜 1 个、芹菜秆 1 根、牛肉馅 250 克、猪肉馅 250 克、黄油 30 克、橄榄油 30 毫升、番茄酱 45 毫升、干白葡萄酒 250 毫升、鸡汤 1000 毫升

调料：

盐 10 克、现磨黑胡椒 10 克、帕玛森奶酪碎 20 克、香叶 2 片、百里香 5 克、牛至 5 克

做法：

1. 将番茄、洋葱、胡萝卜、芹菜分别切碎。
2. 锅烧热后加入橄榄油和黄油，依次放入洋葱、胡萝卜、芹菜，炒出香味。
3. 放入牛肉和猪肉馅后，中火炒干水分，约需 15 分钟加入番茄酱，文火再炒 5 分钟，然后倒入葡萄酒翻炒，直到液体蒸发。
4. 加入番茄块、百里香、香叶、牛至、鸡汤，以及盐和黑胡椒调味。烧开后关小火，慢炖一个半小时。
5. 将锅中煮熟意面捞出，盛盘浇上炒好的肉酱汁，撒入帕玛森奶酪碎即可。

小提示

肉酱必须小火慢炖，才能炖出浓厚香醇的味道。肉酱可以一次多做些，剩余的可冷藏，3 天内食用完毕，或冷冻保存。

【一食一记】

博洛尼亚（Bologna）是罗马涅大区的首府，意大利的美食之都。这里的番茄肉酱面风靡全世界。

绿茶饼干

Green Tea Cookies

准备时间：10 分钟

制作时间：30 分钟

参考分量：20 块

主料：

低筋面粉 100 克

配料：

绿茶粉 10 克、黄油 80 克、鸡蛋 1 个

调料：

糖粉 30 克、盐 1 克

做法：

1. 烤箱预热 190℃。

2. 将在室温下软化的黄油用手持打蛋器搅拌，分次加入糖粉打发。再加入打散的鸡蛋液，搅拌均匀直至纹路细腻。

3. 将低筋面粉、绿茶粉和盐混合加入步骤 2 的混合液中，和成一个面团。将面团擀成 1 厘米厚度的面皮，并用模具抠出小圆片，排放在铺有烘焙纸的烤盘上。每个圆片之间留出适当空隙。

4. 入烤箱烤 15 分钟即可。

小提示

- 模具空隙处的面团可以反复使用，避免浪费。
- 面团不要和得太软。

【一食一记】

这是一款具有东方元素的甜品。绿茶粉在日本盛行，西方人也喜欢，因此这款口感清爽、风味独特的饼干极受欢迎。

纸杯蛋糕

Cup Cakes

准备时间：5 分钟

制作时间：40 分钟

参考分量：12 个

烘焙基础知识请见 56 页

蛋糕主料：

低筋面粉 80 克、鸡蛋 2 个、蜂蜜 40 克、白糖 40 克、植物油 30 毫升

奶油霜主料：

白糖 250 克、淡奶油 250 毫升、香荚兰 1 枝

蛋糕做法：

1. 烤箱预热 180℃。
2. 将鸡蛋打散，糖分次加入，最后加入蜂蜜打发均匀。
3. 搅拌均匀直至蛋糊浓稠，挂在木勺上不落。依次加入过筛的面粉和植物油。
4. 面糊倒入纸杯中，留出 1/3 的空间。入烤箱烤 20—25 分钟。

奶油霜做法：

1. 淡奶油需要从冰箱里拿出来立即开始制作，手持打蛋器边打发边分次加入糖和香荚兰籽，打发直至纹路细腻。
2. 将打发的奶油装入裱花袋中，均匀地挤在纸杯蛋糕上进行装饰。

小提示

此蛋糕不含黄油，植物油口感清爽，与奶油霜搭配可平衡口感。奶油霜可以冷藏储存 3 天。

椰丝球

Coconut Cookies

准备时间：10 分钟

制作时间：30 分钟

参考分量：12 个

主料：

低筋面粉 35 克

配料：

椰丝 100 克、奶粉 15 克、牛奶 20 克、蛋黄 2 个、黄油（室温）50 克

调料：

白糖 50 克

做法：

1. 烤箱预热 190℃。

2. 将在室温下软化的黄油用手持打蛋器搅拌，分次加入白糖打发。再加入打散的蛋黄液，搅拌均匀直至纹路细腻。搅拌均匀，然后加入牛奶。

3. 低筋面粉、奶粉混合过筛后加入步骤 2 的食材中搅拌均匀，最后加入 1/3 椰丝和成面团。

4. 烤盘铺上锡箔纸，把面团搓成直径约 2.5 厘米的小球，再蘸满椰丝。如此反复，将做好的椰丝小球排列在烤盘上。

5. 做好的椰丝小球之前保持一定的间隙，烤 15 分钟。

小提示

这款椰丝球是用蛋黄制作的，口感浓郁。建议为了节省食材，还可以用剩余的蛋白制作，口感会清爽些。

【一食一记】

椰丝是由椰肉加工成丝干燥而成。此款甜品富有东南亚风情，浓郁的椰香让人回味无穷。

菠萝旋片蛋糕

Pineapple Upside Down Cake

准备时间：10 分钟

制作时间：60 分钟

模具：8 寸派烤盘

（尺寸：200mm × 200mm × 40mm）

菠萝底主料：

菠萝 1 个、黄油 60 克（室温）、红糖 185 克

蛋糕主料：

低筋面粉 500 克、鸡蛋 2 个、黄油 185 克（室温）、牛奶 125 毫升、泡打粉 5 克、香荚兰 1 枝、白糖 120 克、盐 3 克

做法：

1. 烤箱预热 180℃。
2. 将菠萝去皮，切果肉为 1 厘米厚度，均匀平铺在派烤盘底部。
3. 取一个小锅将黄油小火融化后关火。加入红糖并用木勺搅拌均匀，倒入模具中，刚好没过菠萝片。
4. 将过筛的面粉与泡打粉、盐混合。
5. 将在室温下软化的黄油用手持打蛋器搅拌，分次加入白糖打发。再加入打散的鸡蛋液，搅拌均匀直至纹路细腻。加入牛奶。将香荚兰用小刀纵向划开，取出其中的籽放入。
6. 将步骤 4 与步骤 5 的食材混合后倒入步骤 3 中，入烤箱烤至 30—35 分钟。
7. 倒扣模具，将菠萝片朝上装盘。

小 提 示

- 模具一定要有深度，不要选用活底模具，否则糖浆会从缝隙中流出来。
- 一定要趁热倒扣脱模。

【一食一记】

1925年，美国夏威夷菠萝公司（即现在的都乐食品公司）的新品菠萝罐头上市，这种方便的食品大受欢迎。为了推广公司产品，在向公众征集制作菠萝料理的创意时，公司收到了2500份关于菠萝翻转蛋糕的食谱。这款蛋糕即是按照其中一份食谱制作而成。

时过境迁，现今新鲜的菠萝在超市一年四季都有供应，但是菠萝旋片蛋糕仍然受欢迎。

核桃派

Walnut Pie

准备时间：10 分钟

制作时间：60 分钟

参考分量：8 寸派烤盘

（尺寸：200mm × 200mm × 24mm）

基础派皮制作方法请见 54 页

主料：

8 寸派皮 1 个

配料：

核桃碎 375 克、鸡蛋 2 个、黄油（室温）30 克、香荚兰 2 枝

调料：

加拿大枫糖 500 毫升、盐 3 克

做法：

1. 烤箱预热 180℃。整形一个 8 寸派皮备用。
2. 将枫糖用小锅文火煮沸后继续熬制，直至剩一半液体备用。
3. 在一个容器中，将黄油依次加入鸡蛋蛋液、盐以及香荚兰籽搅拌均匀。
4. 将步骤 3 的黄油混合物倒入步骤 2 的食材中继续搅拌，小火直至边缘起小泡关火，加入核桃碎搅拌均匀。
5. 将馅料倒入事先准备好的派皮中，烤至 40—45 分钟。

小提示

派皮的边缘很容易烤成深色，可以用锡箔纸包裹派边，到最后 10 分钟的时候再打开，确保整个派上色均匀。

【一食一记】

古老的枫糖采集方式极费人工，大约 30—45 升的枫树液才能提炼出 1 升的枫糖浆。这种传统的采集方式世代相传。在加拿大，每年的三至四月是制作枫糖的最佳季节。

二 夏季

夏季是一年中阳气最盛的季节，气候炎热、生机旺盛。夏季的蔬菜、水果种类繁多，可以选择多摄入清燥解热的食物。在西方的餐桌上，应季的蔬菜多为生吃或者榨汁食用。

夏季时令菜

西兰花（Broccoli）

原产于欧洲地中海沿岸的意大利一带，19世纪末传入中国。西兰花被誉为“蔬菜皇冠”，营养价值高于一般蔬菜，不仅抗癌效果一流，且柔嫩，纤维少，水分多，脆嫩爽口。多用于西餐的沙拉、汤和配菜。

芦笋（Asparagus）

芦笋并非芦苇的嫩芽，而是因其状如春笋而得名。芦笋肉质细嫩爽口，口味清鲜香郁，含有较多的蛋白质，且无脂肪，是一种名贵的蔬菜，常出现在欧美国家的高级宴会上。

芝麻菜（Arugula）

原生地于东亚与地中海，芝麻菜又叫火箭生菜，此植株具有很浓的芝麻香味，故名芝麻菜。

芝麻菜的种子油有缓和、利尿等功用。可降肺气，治久咳、尿频等症。其嫩茎叶含有多种维生素、矿物质等营养成分。在西餐中，多用于沙拉、配菜。

黄瓜（Cucumber）

黄瓜为中国各地夏季主要菜蔬之一。黄瓜肉质脆嫩，汁多味甘，生食生津解渴，且有特殊芳香。据分析，黄瓜含水量为98%，且富含蛋白质、糖类、多类维生素等营养成分。在西餐中从开胃菜、汤、沙拉等都可以看到其身影。

杧果（Mango）

原产印度。杧果是著名的热带水果，被誉为“热带水果之王”。

杧果的营养价值极高，维生素A含量高达3.8%，食用杧果具有益胃、解渴、利尿的功用。其在西餐的甜品中被广泛应用。

购物筐

蔬菜、水果类

- 豌豆 □
- 黄洋葱 □
- 芹菜 □
- 胡萝卜 □
- 圣女果 □
- 番茄 □
- 芝麻菜 □
- 蒜 □
- 瑞士菾菜 □
- 生菜 □
- 小红辣椒 □
- 芦笋 □
- 黄瓜 □
- 青柿子 □
- 杧果 □
- 青柠檬 □
- 黄柠檬 □

肉、海鲜类

- 牛肉馅 □
- 猪肉馅 □
- 鸡胸 □
- 牛里脊 □
- 三文鱼 □
- 小香肠 □

乳制品类

- 鲜马苏里拉奶酪 □
- 蓝奶酪 □
- 奶油 □
- 奶酪 □
- 帕玛森奶酪 □
- 菲达奶酪 □
- 酸奶油 □
- 鸡蛋 □
- 奶 □
- 酸奶 □

面食类

- 面粉 □
- 低筋面粉 □
- 意大利宽面片 □

香草、香料类

- 鲜罗勒叶 □
- 香荚兰 □
- 鲜欧芹叶 □
- 薄荷 □
- 莳萝 □
- 香叶 □
- 牛至 □
- 迷迭香 □
- 干欧芹 □
- 百里香 □
- 豆蔻粉 □
- 肉桂粉 □

其他

- 吞拿鱼罐头 □
- 黑橄榄 □
- 橄榄油 □
- 红酒醋 □
- 苹果醋 □
- 蜂蜜 □
- 海盐 □
- 糖粉 □
- 红糖 □
- 松子仁 □
- 黑芝麻 □
- 蔓越莓 □
- 葡萄干 □
- 杏仁 □
- 干核桃 □

夏季菜品

毯子里的小猪
Pigs in Blankets
派对拼盘：
圣女果配奶酪
Tomatoes & Cheese Bites
魔鬼蛋
Deviled Eggs
芦笋牛肉卷
Asparagus Beef Rolls

西班牙冷汤
Gazpacho
希腊沙拉
Greek Salad
番茄奶酪沙拉
Caprese Salad

主菜

黑胡椒牛排

Black Pepper Steak

水牛城鸡翅

Buffalo Chicken Wings

果酥烤三文鱼

Roasted Salmon

玛格丽特披萨

Margherita Pizza

意大利焗千层面

Lasagna

甜品

爱尔兰饼干

Irish Cookies

杧果布丁

Mango Pudding

青柠派

Lime Pie

肉桂卷

Cinnamon Rolls

胡萝卜蛋糕

Carrot Cake

毯子里的小猪

Pigs in Blankets

准备时间：15 分钟

制作时间：20 分钟

参考分量：20 个

主料：

派皮 8 寸 1 个（200mm × 200mm）

配料：

小香肠 1 包、鸡蛋 1 个（蛋液）、黑芝麻 10 克

蘸酱：

番茄酱

做法：

1. 烤箱预热 200℃。
2. 将派皮擀成 1 厘米厚度的正方形面皮。
3. 把面皮同等分切成 2.5 厘米 x7.5 厘米的面皮，正好可以包裹住小香肠。
4. 将封口处朝下，有间隔地放入烤盘中。
5. 将蛋液均匀刷在面皮表面，再均匀撒上黑芝麻。入烤箱 15 分钟烤至金黄色。

【一食一记】

这是一款经典的鸡尾酒会小吃，配上芥末或番茄酱非常美味，最好是趁热食用。

圣女果配奶酪

Tomatoes & Cheese Bites

准备时间：5 分钟

制作时间：15 分钟

参考分量：8 人份

主料：

圣女果 1 斤、鲜马苏里拉软奶酪 50 克、薄荷叶 10 克

做法：

1. 将小西红柿对半切开，再将事先准备好的相等尺寸的奶酪放入中间，用牙签穿上摆盘即可。

2. 为了口感清爽，再加入薄荷叶。

魔鬼蛋
Deviled Eggs

准备时间：5 分钟

制作时间：15 分钟

参考分量：8 人份

主料：熟鸡蛋 5 个

配料：蛋黄酱 30 毫升、白醋 5 毫升

调料：海盐 3 克、黑胡椒粉 1 克、红椒粉 1 克

做法：

1. 将鸡蛋煮熟。
2. 将熟鸡蛋对半切开后，取出所有的蛋黄放入一个碗中。
3. 将蛋黄捣碎后加入白醋、海盐、黑胡椒粉和蛋黄酱搅拌均匀，装饰回蛋白窝里。
4. 用红椒粉进行点缀装饰。

芦笋牛肉卷

Asparagus Beef Rolls

准备时间：5 分钟

制作时间：15 分钟

参考分量：8 人份

主料：

芦笋 12 根、牛肉 250 克

配料：

蛋黄酱 100 克、蜂蜜 40 克、黄芥末酱 100 克、植物油 40 毫升

调料：

海盐 6 克、黑胡椒粉 8 克

做法：

1. 将牛肉洗净后切成薄片，用肉锤拍平。
2. 芦笋去根部在热水中断生后立即捞出，放入冷水中泡后沥干水分。
3. 用牛肉片将芦笋卷起来，撒上盐、黑胡椒粉调味。
4. 平底锅倒入少量油，中火烧至牛肉变色即可。
5. 蘸酱调制：将蛋黄酱加入黄芥末酱和蜂蜜搅拌均匀即可。

【一食一记】

在西方，派对是司空见惯的社交活动。而派对上的美味也往往吸引人的眼球。一般派对上的美味小巧精致，注重荤素搭配，以咸鲜酸甜、色彩丰富为主。

西班牙冷汤

Gazpacho

准备时间：10 分钟

制作时间：30 分钟

参考分量：4 人份

主料：

番茄 4 个、黄洋葱半个

配料：

黄瓜 1 根、大蒜 3 瓣、小红辣椒半个、青柿子椒半个、苹果醋或者鲜柠檬汁 30 毫升、橄榄油 100 毫升、纯净水 100 毫升、酸奶油或普通酸奶 60 毫升（可选）、鲜欧芹叶 5 克、全麦面包 1 片

调料：

盐 6 克

做法：

1. 番茄去皮切大块，青柿子椒去籽切大块，蒜、洋葱、黄瓜和小红辣椒切块。
2. 全麦面包用水泡软后，撕小块（作用是增加汤的黏稠度）。
3. 将步骤 1 和步骤 2 的食材放入食物料理机中打匀，倒入橄榄油和一半的纯净水搅拌至细腻的糊状，再加入海盐和果醋调味。如果希望再稀释一些，可以加入剩余的水。
4. 过滤后放冰箱保存 3 个小时食用最佳。
5. 食用前加入酸奶和鲜欧芹装饰，同时也搭配烤面包片食用。

小提示

此款冷汤是夏季炎热天气里最佳的开胃汤。橄榄油可以增加汤的清香度；泡软的面包块可以增加汤的黏稠度。

【一食一记】

西班牙冷汤出自其南部的安达卢西亚地区，这款汤食用时不用加热，其酸酸的味道是炎热的夏天开胃汤的不错选择。

希腊沙拉

Greek Salad

准备时间：10 分钟

制作时间：10 分钟

参考分量：4 人份

柠檬油酱汁制作方法请见 39 页

主料：

圣女果 12 个、黑橄榄 150 克、黄瓜 1 根、红洋葱半个、青椒 1 个

配料：

菲达奶酪 20 克

搭配酱汁：

柠檬油酱汁

做法：

1. 将所有蔬菜洗净，沥干水分。
2. 再将食材切成手指甲大小的丁，黑橄榄对半切，奶酪用手掰成小块。
3. 将上述材料倒入一个沙拉容器中，用木勺搅拌均匀，倒入柠檬油酱汁即可。

【一食一记】

希腊沙拉，是一道适合夏季食用的沙拉。沙拉选用地中海新鲜的食材，色彩斑斓，清新可口。

菲达奶酪（Feta cheese）是希腊最著名的羊乳盐水奶酪。如豆腐般色泽乳白，质地柔软，咸鲜味醇。

番茄奶酪沙拉

Caprese Salad

准备时间：10 分钟

制作时间：5 分钟

参考分量：4 人份

主料：

鲜马苏里拉奶酪 4 块（鸡蛋大小）、番茄 4 个、罗勒叶 12 片

配料：

初榨橄榄油 60 毫升

调料：

盐 1 克、黑胡椒 1 克

做法：

1. 将马苏里拉奶酪和番茄分别切厚片。
2. 将番茄片、罗勒和马苏里拉奶酪依次码在盘中。
3. 均匀地淋上橄榄油，撒上盐和黑胡椒即可。

小提示

新鲜的马苏里拉奶酪是意大利特有的半软质水牛奶奶酪，呈球状，有大中小规格。一般是浸泡在盐水中可以保持一周。这种新鲜的袋装奶酪可以在进口食品超市买到。

【一食一记】

这是意大利最具特色的沙拉，因为红、白、绿三种颜色代表意大利国旗的颜色。

Caprese 沙拉源自意大利南部的坎帕尼亚（Campania）地区，西临那不勒斯（Naples）海湾。这里夏季温暖干燥，冬季潮湿多雨，是典型的地中海气候，盛产西红柿。

黑胡椒牛排

Black Pepper Steak

准备时间：10 分钟

制作时间：30 分钟

参考分量：4 人份

主料：

牛里脊 700 克

配料：

橄榄油 50 毫升

调料：

盐 6 克、粗粒黑胡椒 10 克、迷迭香 3 克

配菜：

去皮豌豆、胡萝卜、芝麻菜

做法：

1. 烤箱预热 190℃。
2. 牛里脊去筋膜。
3. 将盐、黑胡椒和迷迭香混合均匀后，沾满牛里脊。刷上橄榄油，用保鲜膜包裹腌制 10 分钟。
4. 将平底锅加热，倒入少量橄榄油后大火煎牛里脊。调整到中火，再煎至上色，取出放在烤盘上。
5. 入烤箱 10 分钟。
6. 把做好的牛排放在预热好的盘子上静置 15—20 分钟。
7. 此时，将配菜洗净，胡萝卜切成豌豆大小的丁，过水焯熟。
8. 把静置好的牛肉切四等分，可以根据个人喜好加盐和黑胡椒调味，再配以蔬菜即可。

【一食一记】

在美国，吃牛排的地方通常叫“扒房（Steak House）”。典型的牛排晚餐通常是搭配烤土豆或者土豆泥、一份沙拉或者小份煮熟的蔬菜。青豆、奶油菠菜、芦笋、蘑菇、豌豆和洋葱圈等都是极受欢迎的配菜。

小提示

煎牛排注意事项：

1. 煎牛排之前

要让牛排回复到室温，如果牛排从冰箱里拿出来，需要在室温下静置至少半个小时后开始煎。

牛排要有厚度，一般在2厘米以上。如果太薄，水分流失快，肉质过硬。

2. 煎牛排过程中

先大火锁住水分，再调至中火。

煎牛排的过程中，牛排只需要翻一次面，不要来来回回地翻面，避免水分流失。

3. 煎牛排之后

煎完牛排后，让其静置放松几分钟，这样汁水会均匀地分布到牛排的每一处，吃起来口感更丰富。

辨别牛排各类熟度的方法

三成熟：下耳垂的软硬度。

五成熟：面颊的软硬度。

七成熟：鼻翼两旁的软硬度。

水牛城鸡翅

Buffalo Chicken Wings

准备时间：10 分钟

制作时间：60 分钟

参考分量：12 块

主料：鸡翅根 1500 克

配料：黄油（融化）60 克、植物油 50 毫升

调料：盐 3 克、黑胡椒 3 克

蘸料：辣椒酱 50 毫升

做法：

1. 将鸡翅根洗净，把水分吸干，用盐和胡椒腌一会儿。

2. 油锅大火将鸡翅根炸 2 分钟后捞出，火调整到中火，再复炸 3 分钟，鸡翅根变成金黄色即可。盛出后用厨房用纸吸干表面多余油分。

3. 将融化的黄油与辣椒酱搅拌均匀，把炸好的鸡翅根沾满酱料。

4. 传统的炸鸡翅常搭配芹菜秆、恺撒酱汁。同时你也可以选择自己喜欢的蔬菜搭配。

【一食一记】

纽约的水牛城是美国超霸杯的诞生地。20 世纪 60 年代，一个叫船锚的酒吧（Anchor Bar）创造了水牛城鸡翅这道菜。

果酥烤三文鱼

Roasted Salmon

准备时间：10 分钟

制作时间：40 分钟

参考分量：4 人份

主料：

三文鱼 500 克

配料：

松子仁 100 克、黑芝麻 50 克、黄柠檬 1 个、芦笋 500 克、莳萝 10 克、橄榄油 10 毫升

调料：

海盐 3 克、黑胡椒 3 克、罗勒（干）15 克、百里香（干）15 克

做法：

1. 将三文鱼切四等分。
2. 将松子仁、黑芝麻混合一起，用擀面棍将其碾碎。保持有颗粒状口感更好，同时加入罗勒、百里香和海盐混合在干果碎中。
3. 在案板上铺上保鲜膜，将碾碎的果仁碎均匀撒上，将三文鱼有鱼皮的一面蘸满果仁碎。
4. 平底锅烧热并倒入少量的橄榄油，先煎三文鱼蘸满果仁碎的一侧，直至焦黄之后，中火再将三文鱼的另外一面煎 3 分钟。
5. 将芦笋取最嫩的部位，在平底锅中稍微煎至上色，然后平铺在盘中，并将做好的三文鱼摆上，配以莳萝为点缀即可。

小提示

三文鱼应如何贮藏及解冻？

- 新鲜三文鱼适宜贮藏的温度为 0—4 ℃。
- 急冻三文鱼可放在 -18 ℃的冰格内。
- 烹煮前，需要把三文鱼提前在室温下解冻，切勿以热水加速解冻过程。

玛格丽特披萨

Margherita Pizza

准备时间：10 分钟

制作时间：30 分钟

模具：披萨烤盘 9 寸

（尺寸：230mm × 230mm × 40mm）

披萨面坯制作方法请见 52 页

番茄酱汁制作方法请见 49 页

主料：

披萨面坯 9 寸 1 个

配料：

意大利番茄酱汁 50 克、马苏里拉奶酪 100 克、鲜罗勒叶 15 克、圣女果 8 个

调料：

盐 3 克、黑胡椒 3 克

做法：

1. 烤箱预热 240℃。
2. 将面坯放入披萨烤盘中，用手指由中心向边缘轻轻地按压，将面坯压成中间薄边缘厚的形状。圣女果对半切开备用。
3. 在面坯上均匀涂抹番茄酱，最后再撒入奶酪、盐和黑胡椒调料。将圣女果均匀地摆放在上面并再次撒入马苏里拉奶酪。
4. 入烤箱烤制 8—10 分钟，直至奶酪融化，面坯呈金黄色。
5. 最后将披萨取出，将罗勒叶撒在上面装饰。

小提示

夏天面团发酵一般要 2—3 小时。而冬天室内温度较低，可以打开烤箱，设定 130℃，打开 5 分钟之后关掉，将面团放进烤箱进行发酵。烤箱保持温暖即可，温度不要太高。剩余的面团可以放入冰箱冷藏储存 1 周。

【一食一记】

这款披萨起源于 1889 年，当时的意大利王妃玛格丽特非常喜爱此款披萨，此后这款披萨就以她的名字命名。

意大利焗千层面

Lasagna

准备时间：10 分钟

制作时间：120 分钟

参考分量：4 人份

主料：

意大利宽面片 450 克

配料：

意大利肉酱 1000 毫升、新鲜马苏里拉奶酪 200 克、帕玛森奶酪 125 克、蛋黄 2 个、豆蔻粉 2 克

调料：

海盐 10 克、现磨黑胡椒 10 克

做法：

1. 烤箱预热 200℃。

2. 取一个有深度的长方形容器，用刷子将容器内壁涂上油备用。把帕玛森奶酪擦成粉末状。

3. 大碗里放入蛋黄、帕玛森奶酪碎和豆蔻粉，加入盐和胡椒搅拌均匀。

4. 大深锅加水，沸后加盐，下面片煮 2—3 分钟捞出。再放入冷水中，沥干水分备用。

5. 在容器内涂抹少量黄油。铺一张宽面片，放入肉酱、奶酪混合物，再铺上一张宽面片。按照顺序制作 3—4 层后，最上面撒满马苏里拉奶酪碎。

6. 入烤箱 30 分钟，烤到烤盘四周的肉酱起泡，表面形成奶酪硬壳。

7. 烤好后，静置 10 分钟左右再食用。可切成小方块食用。

小提示

如果奶酪变色太快，可以用铝箔纸将烤盘盖住。

【一食一记】

焗千层面是美食王国意大利的传统特色菜品。有关焗千层面最早的文字记载，可以追溯到 14 世纪。在一本那不勒斯的手抄本《烹饪之书》中记载着这道菜肴最初的烹调方式。后来经过改良，将肉酱整合进去，浓郁的肉酱与奶酪让人欲罢不能！

爱尔兰饼干

Irish Cookies

准备时间：5 分钟

制作时间：30 分钟

参考分量：48 块

主料：

黄油（室温）450 克、低筋面粉 1000 克、面粉 20 克（薄面）

配料：

蔓越莓 50 克

调料：

盐 10 克、红糖 250 克

做法：

1. 烤箱 180℃预热。
2. 将在室温下软化的黄油用手持打蛋器搅拌，分次加入红糖打发细腻。
3. 加入低筋面粉和蔓越莓充分地搅拌，和成面团。
4. 将面团擀成 1 厘米厚的面皮，可以在面板上适当洒些薄面，防止粘连。然后用圆形模具抠出小圆片，排列在铺有烘焙纸的烤盘上，每个圆片之间留出适当空隙。烤 20 分钟。如果想让饼干口感更脆些，烘焙时间可以延长 5 分钟。

小提示

饼干的面团不能起筋，因此不要过度搅拌，只要混合均匀，没有干粉就可以了。

【一食一记】

我去爱尔兰旅游时，发现这款饼干极受当地人喜爱，可以很方便地在咖啡店和超市买到。酥脆浓郁的奶香能让你暂时忘记了高热量。这也是我每次家宴必备的小甜饼，备受来客欢迎。

杧果布丁

Mango Pudding

准备时间：10 分钟

制作时间：60 分钟

模具：4 个

（尺寸：48mm × 77mm）

主料：

杧果 2 个

配料：

牛奶 100 克、淡奶油 100 克、吉利丁片 10 克

调料：

白糖 30 克

装饰水果：

时令水果（杧果）

做法：

1. 先将吉利丁片浸泡在冷水中直至其软化。
2. 杧果切丁加入少量牛奶，放入搅拌器打成糊状备用。
3. 把剩余的牛奶加入淡奶油和糖，在锅里加热搅拌，直到边缘起小泡，再放入泡软的吉利丁片继续搅拌，充分融化后放凉。
4. 再倒入杧果糊混合后过筛，将布丁液分装到模具中放凉，放入冰箱冷藏 2 个小时。
5. 食用之前，可以选择应季水果进行装饰。

小提示

● 取杧果肉的方法很简单，将杧果顺着果核纵向切成两半，用小刀将果肉划成小方块，再用刀顶着果皮，杧果肉就凸起来，顺着果皮就可将果肉取下来。

● 为了使布丁的口感更细腻，要将布丁液过滤。

【一食一记】

布丁是英语 Pudding 的音译。它是从古代用来表示掺有血的香肠的“布段”演变而来的。今天以鸡蛋、面粉与牛奶为材料制成的布丁，是由当时的撒克逊人传授下来的。

青柠派

Lime pie

准备时间：10 分钟

制作时间：60 分钟

模具：派烤盘 8 寸

（尺寸：200mm × 200mm × 24mm）

基础派皮制作方法请见 54 页

主料：

派皮 8 寸 1 个、青柠檬 8 个

配料：

鸡蛋黄 4 个、黄油 230 克（室温）

调料：

白糖 230 克

装饰：

薄荷

做法：

1. 烤箱 180℃预热。
2. 将 8 寸的派皮整形好，入烤箱烤 15 分钟后取出。
3. 将青柠檬榨汁备用。
4. 将在室温下软化的黄油和白糖混合，加入蛋液搅拌均匀。放入小锅中文火熬制，不间断地用木勺搅动，避免糊底，直到边缘起小泡。
5. 加入青柠檬汁调整馅的浓稠度，过滤后倒入烤好的派皮中。等待冷却后，放入冰箱。
6. 冷藏 24 小时后，切块装盘。可以搭配薄荷食用，口感极佳。

小 提 示

判断馅料是否熬制好，看挂在木勺上的液体，如果变得浓稠，很慢滴落下来即可。

【一食一记】

青柠檬和黄柠檬不是一个品种。黄柠檬在未成熟的时候也是青色的，但青柠檬的口味更加清香、淡雅。两种柠檬可互用，味道各有千秋。

肉桂卷

Cinnamon Rolls

准备时间：10 分钟

制作时间：60 分钟

模具：派烤盘 8 寸

（尺寸：200mm × 200mm × 24mm）

主料：

面粉 850 克

配料：

鸡蛋 1 个、黄油（室温）85 克、牛奶 250 毫升、干果（葡萄干、杏仁干）50 克、酵母粉 10 克

调料：

红糖 100 克、肉桂糖 110 克（肉桂粉 20 克和糖 90 克）、盐 5 克

糖霜：

糖粉 500 克、鸡蛋白 1 个、柠檬汁 6 毫升

【一食一记】

肉桂卷是在北欧国家常见的一道点心，和咖啡是最佳搭档，可以拿来当作早餐。在寒冷的冬日里食用，极具“温暖感”。它起源于瑞典，每年的 10 月 4 日是瑞典的肉桂面包卷日。

做法：

1. 在温热的牛奶中放入酵母进行发酵，直到看到牛奶边缘开始起小泡。

2. 将在室温下软化的黄油，加入红糖搅拌均匀，再加入鸡蛋液，搅拌至顺滑。

3. 在厨师机的搅拌桶中倒入过筛的面粉，加入步骤 2 和 1 准备的食材，先进行低速搅拌，直到充分混合，看不到干面粉。更换配件 S 勾头，中速搅拌 10—20 分钟，直到面粉粘底但是不粘手，面团的延展性很好。

4. 取一个大盆在内壁上涂抹一层油，将面团放入，用保鲜膜盖上进行第一次发酵，大约 1 小时左右。

5. 将发酵好的面团揉擀成长方形，将肉桂糖撒上并放入干果。从一端卷起，做成一个卷。尽量卷紧些，尾端留出约 1 厘米空白，收口用手捏紧，切成 12 等份。

6. 将切好的肉桂卷均匀地摆放到铺有锡箔纸或者烤盘纸的烤盘上，盖上保鲜膜室温下静置，进行二次发酵，大约一个半小时之后，面团体积会比之前增大一倍。

7. 烤箱预热 180℃。

8. 在面团的表面刷上牛奶或者蛋液，入烤箱烤 15—18 分钟。

9. 制作糖霜，将蛋白中加入少量柠檬汁，用打蛋器搅拌几下后先加入 1/3 糖粉。搅拌均匀后再加入剩余的糖粉，直到纹路比较持久不易消失即可。

10. 肉桂卷出炉后趁热刷上糖霜。

小提示

● 发酵时间与温度：一般温度高，发酵时间短些。比如夏天室温发酵时间需要 1 个小时，而冬天的室温就需要 2 个小时。

● 尾端留空：主要目的是避免过多的肉桂糖溢出来。

● 面团的延展性是指通过不停搅拌，面筋强度逐渐增加，形成的一层薄膜。用手撑开面团形成透光的薄膜，如果用手指捅破，边缘是不规则的形状，此时为扩展阶段。再继续搅拌直到用手指不易捅破。

胡萝卜蛋糕

Carrot Cake

准备时间：10 分钟

制作时间：60 分钟

模具：8 寸烤盘

（尺寸：200mm × 200mm × 40mm）

烘焙基础知识请见 56 页

主料：

低筋面粉 500 克

配料：

胡萝卜 1 根、核桃碎 100 克、杏仁碎 100 克、鲜榨橙汁 150 毫升（橙子 2 个）、鸡蛋 5 个、黄油 275 克（室温）、姜末 5 克、泡打粉 15 克、肉桂粉 5 克

调料：

红糖 275 克、糖粉 75 克

蛋糕装饰奶油：

淡奶油 250 克

做法：

1. 烤箱 180℃预热。
2. 将胡萝卜擦丝，与核桃碎、杏仁碎混合，再放入过筛的面粉。
3. 黄油加入红糖搅拌均匀。
4. 蛋黄液加入 25 克糖粉进行打发，直至发白、细腻。
5. 把步骤 2、3、4 准备好的食材混合一起，再加入鲜榨橙汁搅拌均匀备用。
6. 蛋白打发直至软性状态即可。
7. 然后将打发好的蛋白分次加入面糊中，用橡胶刮刀从底部捞拌均匀。
8. 模具上涂抹些黄油以便脱模，将蛋糕糊倒入模具中，轻叩几下，排出多余的空气。入烤箱烤 30—35 分钟。

小提示

分蛋打发是蛋糕制作中常用的手法，这样做出蛋糕的质地比较膨松。请参阅书中烘焙技巧篇的详细介绍。

【一食一记】

这是一款非常传统的蛋糕，是我第一次去新泽西看望婆婆的时候，在大姑姐家吃到的最美味的甜品。这款胡萝卜蛋糕配方既简单又健康。

Autumn

三 秋季

进入秋季，天气逐渐变得干燥，这个季节补水最重要。秋季补水抗干燥，要多吃绿叶蔬菜和水果。菠菜、青菜、芹菜、茼蒿、苋菜等深色蔬菜，不仅维生素含量多，胡萝卜素含量也较高。此外，苹果和梨等水果也都是不错的选择。

秋季时令菜

番茄（Tomato）

别名西红柿。原产秘鲁和墨西哥，当时称之为“狼桃”。番茄含有丰富的胡萝卜素和番茄红素。在西餐中应用广泛，可以生食、煮食，或者加工制成番茄酱、汁，或整果罐藏。

紫菜头（Beet）

别名红菜头、红根甜菜。味鲜而有营养，西餐中多用于汤、沙拉、配餐，它还是甜品的天然色素来源。不含胆固醇，脂肪含量也很低，其中钾的含量相当高，但钠的含量又很低，适合高血压患者食用。另外，紫菜头中硒的含量很高，比螺旋藻和松花粉中硒的含量还高。而硒是公认的抗癌元素。

苹果 （Apple）

苹果是一种低热量水果，每 100 克只有 60 千卡热量。苹果的营养成分可溶性大，易于被人体吸收，故有“活水”之称。在西餐中从正餐到甜品乃至果酱，都少不了苹果。

南瓜（Pumpkin）

南瓜富含维生素 A 和维生素 E，可以有效缓解干燥症状，增强机体免疫力。南瓜中还含有丰富的维生素 B12，人体缺乏 B12 会引起恶性贫血，所以吃南瓜是最好的“补血”方式了。烹饪时许多人习惯将南瓜瓤丢掉，但南瓜瓤实际上比南瓜果肉所含的 β 胡萝卜素多出 5 倍以上。南瓜在西餐中广泛应用，尤其从万圣节开始一直到圣诞节，南瓜都是餐桌上的主角。

鳄梨果（Avocado）

原产于墨西哥和中美洲，后在加利福尼亚州被普遍种植。鳄梨果实为一种营养价值很高的水果，营养价值与奶油相当，有"森林奶油"的美誉。其含有大量的酶，有健胃清肠的作用，并具有降低胆固醇和血脂，保护心血管和肝脏系统等重要生理功能。在西餐中堪称应用十分全面的食材。

购物筐

蔬菜、水果类

- 鳄梨果 □
- 红洋葱 □
- 小洋葱 □
- 生菜 □
- 番茄 □
- 紫菜头 □
- 球茎甘蓝 □
- 芹菜 □
- 胡萝卜 □
- 南瓜 □
- 青蒜 □
- 蒜 □
- 土豆 □
- 绿柿子椒 □
- 芝麻菜 □
- 刀豆 □
- 鲜香菇 □
- 苹果 □
- 黄柠檬 □

肉、海鲜类

- 牛肉馅 □
- 猪肉馅 □
- 羊肉 □
- 鳕鱼 □
- 蛤蜊 □
- 培根 □

香草、香料类

- 鲜法香 □
- 鲜欧芹 □
- 肉桂粉 □
- 干百里香 □
- 牛至 □
- 法香 □
- 豆蔻粉 □
- 香荚兰 □
- 香叶 □

乳制品类

- 帕玛森
- 奶酪 □
- 车达奶酪 □
- 奶油 □
- 奶酪 □
- 淡奶油 □
- 酸奶油 □
- 酸奶 □
- 牛奶 □
- 黄油 □
- 鸡蛋 □

面食类

- 意大利
- 面条 □
- 意大利
- 通心粉 □
- 面包糠 □

其他

- 海盐 □
- 白糖 □
- 红糖 □
- 黑胡椒 □
- 辣椒粉 □
- 粗麦饼干 □
- 柠檬汁 □
- 苹果果酱 □
- 玉米淀粉 □
- 巧克力粉 □
- 苏打粉 □
- 泡打粉 □
- 葡萄干 □
- 核桃碎 □
- 巧克力币 □
- 蛋黄酱 □
- 芥末酱 □
- 番茄沙司 □
- 橄榄油 □
- 植物油 □
- 白葡萄酒 □
- 红酒醋 □
- 鹰嘴豆
- 罐头 □
- 吞拿鱼
- 罐头 □
- 黑橄榄 □
- 银鱼柳
- 罐头 □
- 去皮番茄
- 罐头 □

秋季菜品

头盘

得克萨斯－墨西哥风味蘸酱
Tex-Mex 7-Layer Dip
红菜汤
Borscht
新英格兰蛤蜊浓汤
New England Clam Chowder
尼斯沙拉
Nicoise Salad
华尔道夫沙拉
Waldorf Salad

主菜

爱尔兰烩羊肉

Irish Lamb Stew

橙香鳕鱼柳

Cod Filet with orange Sauce

美式肉糜糕

Meatloaf

奶酪烤通心面

Macaroni and Cheese

意大利番茄面

Italian Tomato Pasta

甜品

迷你干果酥挞

Brandied Fruit Tartlets

焦糖布丁

Cream Caramel

水果缤纷奶酪挞

Fruit Cheesecake Tart

南瓜派

Pumpkin Pie

纽约奶酪蛋糕

New York Cheesecake

得克萨斯－墨西哥风味蘸酱

Tex-Mex 7-Layer Dip

准备时间：10 分钟

制作时间：15 分钟

参考分量：4 人份

主料：

鹰嘴豆罐头 1 听、番茄 1 个、鳄梨 1 个、青蒜 1 小把、墨西哥辣椒 2 个

配料：

酸奶 125 毫升、车达奶酪 125 毫升

调料：

盐 6 克、黑胡椒 6 克、鲜柠檬汁 10 毫升

做法：

1. 先将鹰嘴豆罐头打开，倒掉里面的水。
2. 放入盐和黑胡椒，在搅拌器中打成糊状，盛入盘中。
3. 将鳄梨去皮核，番茄切小块，青蒜和墨西哥辣椒切末，一层层码在鹰嘴豆酱上，最后淋上酸奶，撒上车达奶酪，滴上几滴柠檬汁即可。

小 提 示

墨西哥辣椒在进口食品超市可以买到，是一种泡菜形式的辣椒。

【一食一记】

这是一道传统的墨西哥开胃菜。美国的得克萨斯原属墨西哥，1836 年的独立战争后，得克萨斯共和国建立，脱离了墨西哥政府管辖。但是这款极具墨西哥风味的美食至今仍然是得克萨斯州的传统食品。

红菜汤

Borscht

准备时间：5 小时

制作时间：120 分钟

参考分量：4 人份

主料：

牛腩 500 克

配料：

紫菜头 2 个、胡萝卜 1 个、球茎甘蓝 10 个、芹菜芯 1 根、洋葱半个、土豆 2 个、绿柿子椒 1 个、番茄 1 个、柠檬半个、番茄酱 1 听、黄油 150 克、牛肉汤 1000 毫升

调料：

白醋 50 克、白糖 150 克、海盐 3—6 克、香叶 3 片、淡奶油（可选）

做法：

1. 紫菜头、胡萝卜切丝后加入糖与白醋，浸泡 4 小时后挤干水备用。（腌制的水保留后续使用）
2. 整块牛腩加水煮开去除沫后，加入香叶、胡萝卜与芹菜芯后调到中火煮 1 个小时。煮好的牛肉切块，汤滤出备用。
3. 番茄、土豆、球茎甘蓝切块，洋葱切丝备用。土豆和球茎甘蓝焯水煮熟。
4. 将黄油放入加热的平底锅中炒洋葱丝，然后将腌好的紫菜头与胡萝卜丝倒入锅中，文火慢炒直至变软。加入番茄酱用木勺翻炒均匀后，放入绿柿子椒和半个柠檬继续文火焖 30 分钟直至软烂，取出绿柿子椒和柠檬。
5. 倒入牛腩、步骤 4 中的食材、牛肉汤和步骤 1 中腌制的水，煮沸。
6. 起锅放入盐，并用芹菜芯作为装饰，还可根据个人爱好加入淡奶油增加风味。

小 提 示

这道菜口感酸甜，放入少量淡奶油可以增加奶香味道。新鲜的柠檬汁可以增加酸度。由于紫菜头一遇热颜色会变淡，兑汤后不易煮太久。

【一食一记】

红菜汤起源于乌克兰，是一种在东欧广泛流传的菜肉汤。冬天喝上一碗，身体马上热血沸腾。主料紫菜头，富含维生素 B12 和优质的铁元素，是补血的最佳食材。

新英格兰蛤蜊浓汤

New England Clam Chowder

准备时间：10 分钟

制作时间：60 分钟

参考分量：4 人份

主料：

蛤蜊 1000 克

配料：

水 1000 毫升、洋葱 1 个、培根 25 克、土豆 1 个、牛奶 250 毫升、香叶 2 片、现磨黑胡椒以及欧芹混合调料 15 克

调料：

盐 12 克

做法：

1. 在锅中加水放入蛤蜊，大火煮沸 5—8 分钟，直到它们全部开口，取肉弃壳。
2. 平底锅中火煎培根直至脆爽，备用。
3. 将土豆、洋葱切块。
4. 用锅中的培根油把洋葱煸炒至变软、出香味。
5. 煮蛤蜊的汤中放入切块的土豆煮熟，加入香叶中火烹饪 15 分钟，至土豆软烂。取出香叶，加入盐、黑胡椒和欧芹调味。
6. 放入蛤蜊肉、培根以及炒好的洋葱煮 8 分钟。最后倒入牛奶加热 1 分钟。
7. 趁热装盘喝汤，可搭配一片苏打饼干。

小提示

这道菜口感酸甜，浓汤中包含了一些土豆淀粉，以使底汤浓稠厚重。如果你喜欢海鲜的味道，可以在汤中增加蛤蜊汤的分量。

【一食一记】

这里给大家介绍的是来自美国东北部地区的新英格兰蛤蜊浓汤。虽说归为汤类，但其实是一道炖菜。这道菜从名字的直译来看分两个部分：Clam（新鲜的蛤蜊）和Chowder（海鲜杂烩汤）。所以这道汤的主料要有新鲜的蛤蜊肉，口感虽然是浓郁的奶油汤底，但还保留有海鲜的味道。

关于Chowder的起源有两种说法。一种说法是，法国布列塔尼的渔夫在劳作一天后，会把剩下的海鲜加点东西一锅煮了，这个容器叫chaudiere，慢慢就演变成Chowder这个词。另外一种说法来自英国，说chowder就是指卖鱼的人。

尼斯沙拉

Nicoise Salad

准备时间：20 分钟

制作时间：5 分钟

参考分量：4 人份

主料：

圣女果 15 个、鸡蛋 4 个、土豆 400 克、罐头吞拿鱼 400 克、黑咸橄榄 50 克、芝麻菜 120 克、黄瓜 1 条、银鱼柳 5 克、刀豆 100 克

沙拉酱汁：

初榨橄榄油 70 毫升、蒜 4 瓣、红酒醋 30 毫升、盐 3 克、黑胡椒 3 克

做法：

1. 土豆去皮蒸熟后放凉，刀豆和鸡蛋煮熟后对半或按 1/4 大小切开。
2. 将圣女果对半切开，黄瓜去皮切成薄圆片，蒜头剁碎。
3. 把沙拉酱配料搅拌后备用。
4. 取一只大碗中，将除黑咸橄榄和鸡蛋外的所有食材混合，加入沙拉酱汁搅拌均匀。食用之前在表面放上黑咸橄榄和鸡蛋即可。

【一食一记】

尼斯沙拉起源于法国南部海滨城市尼斯。尼斯是法国的旅游胜地，属于地中海气候。每年二月底到三月上旬的尼斯狂欢节就在这里举办，这是具有百年历史的节日，也是世界著名的三大狂欢节之一。

华尔道夫沙拉

Waldorf Salad

准备时间：15 分钟

制作时间：10 分钟

参考分量：4 人份

主料：

鸡胸肉 200 克

配料：

苹果 2 个、芹菜秆 1 根、核桃 80 克、葡萄干 50 克、柠檬汁 5 毫升

调料：

蛋黄酱 120 毫升

做法：

1. 将鸡胸肉煮熟后切条备用。
2. 苹果、芹菜秆切小块后与核桃、葡萄干放入一个大的容器中搅拌均匀。
3. 再加入鸡肉条，淋入蛋黄酱充分搅拌，最后淋入柠檬汁。

小提示

柠檬汁可以防止苹果氧化，同时也为沙拉增添了柠檬的清香。

【一食一记】

华尔道夫沙拉是一款经典的美式沙拉，据称是纽约第一的百年经典沙拉。创始人是Oscar Tschirky，他在 1893 年任纽约第五大道的华尔道夫酒店（Waldorf Astoria Hotel）总经理。

爱尔兰烩羊肉

Irish Lamb Stew

准备时间：20 分钟
制作时间：90 分钟
参考分量：4 人份

主料：

羊肉 1500 克

配料：

香料包（香叶、百里香、欧芹茎、葱）1 个、小洋葱 10 个、土豆 500 克、芹菜杆 2 根、胡萝卜 250 克、欧芹 1 把、水 1000 毫升、植物油 15 毫升

调料：

海盐 6 克、黑胡椒 3 克

做法：

1. 将芹菜、胡萝卜、土豆、小洋葱切块备用。
2. 羊肉切块，并用盐和黑胡椒调味腌制。
3. 烤箱预热 180℃。
4. 制作香料包：将香叶、百里香、欧芹茎、葱包裹并捆扎在一起。
5. 取一个平底锅，放油将羊肉煸炒上色后，放入烤箱烤 15 分钟。
6. 再将各类蔬菜进行煸炒，变色后移到深口锅中，注入水和羊肉，加入香料包。
7. 中火煮沸，撇去浮沫后调整到文火炖半个小时。最后调味即可。

小提示

- 根茎菜带有不同程度的清甜味，搭配在一起会有意想不到的好味道！
- 香料束可以被用于炖煮不同的清汤。

【一食一记】

爱尔兰美食综合着英国和爱尔兰的不同文化。

这道典型的乡村式美食，是早年间农夫为了劳累一天后回家可以吃到现成的饭菜而发明。他们在早上把羊肉和土豆、洋葱等加水放入瓦罐里，再将其埋在炭火余灰中，晚上回家后即可吃到热气腾腾的美味。

橙香鳕鱼柳

Cod Filet with Orange Sauce

准备时间：10 分钟

制作时间：60 分钟

参考分量：4 人份

主料：

鳕鱼鱼肉 600 克

配料：

鲜橙 3 个、蛋黄 2 个、番茄沙司 20 毫升、柠檬汁 15 毫升、玉米淀粉 10 克、面粉 10 克、水 20 毫升、白葡萄酒 15 毫升、植物油 750 毫升

调料：

盐 6 克、白糖 15 克

做法：

1. 将鳕鱼斜刀片成约 8 毫米的厚片。
2. 用盐、白葡萄酒将鱼片腌制 10 分钟后擦干。
3. 鲜橙榨汁加糖、柠檬汁、番茄沙司在碗内调匀制成酱汁备用。
4. 玉米淀粉加水调成水淀粉备用。
5. 将鱼片均匀地蘸上玉米淀粉后拖上一层蛋黄液，再裹上一层面粉备用。
6. 油锅烧至 190℃，放入鱼片炸至表面微黄捞出。待油温升高后再复炸 30 秒即可。
7. 锅内留底油，将酱汁倒入小火煮沸，加入调好的水淀粉勾芡，用锅铲搅动直至酱汁变浓稠。
8. 放入鱼块并快速翻动，使每个鱼块均匀裹上酱汁即可出锅。

小提示

- 这道中西合璧、酸甜适中的菜，特别适合孩子的口味。
- 注意：勾芡要用薄汁。

美式肉糜糕

Meatloaf

准备时间：10 分钟

制作时间：120 分钟

参考分量：4 人份

主料：

牛肉馅 500 克、猪肉馅 500 克

配料：

芹菜秆 1 根、胡萝卜 1 根、洋葱 1 个、大蒜 1 头、鲜法香 100 克、面包糠 100 克、鸡蛋 1 个

调料：

番茄酱 160 毫升、芥末酱 15 毫升、盐 12 克、黑胡椒 10 克、红糖 30 克、辣椒粉 5 克

配菜：

胡萝卜丁 10 克、豌豆粒 10 克、玉米粒 10 克

做法：

1. 烤箱 190℃预热。
2. 将洋葱、大蒜、芹菜、胡萝卜和鲜法香切块，放入食物料理机完全打碎。
3. 两种肉馅加入红糖、盐、黑胡椒和辣椒粉调料先搅拌均匀之后，加入鸡蛋和步骤 2 的食材搅拌均匀。
4. 再依次加入番茄酱、芥末酱和面包糠轻柔地用手使其充分混合。
5. 将肉糜最后放入一个有深度的长方形锡箔纸模具中并按压结实，将剩余的少量番茄酱涂在肉饼上。
6. 入烤箱烤 1 个小时后切片装盘。
7. 将配菜焯水沥干后，搅拌均匀装入盘中搭配。

小提示

- 牛肉和猪肉肉糜的搭配使得美食口感更丰富。一定要低温长时间烤制，才会内外受热一致。
- 烤制过程中，要每隔 30 分钟在表面刷层油，以滋润肉糜。
- 一次性的锡箔纸模具在进口食品超市可以买到。

【一食一记】

肉糜糕起源于欧洲，据说早在公元 5 世纪的罗马就出现了，在德国、比利时以及斯堪的纳维亚半岛都是一道传统菜。

奶酪烤通心面

Macaroni and Cheese

准备时间：10 分钟

制作时间：120 分钟

参考分量：4 人份

主料：

意大利通心粉 500 克

配料：

黄油 50 克、牛至粉 10 克、帕玛森奶酪碎 100 克、豆蔻粉 5 克、牛奶 250 毫升

调料：

海盐 10 克、现磨黑胡椒 6 克

做法：

1. 烤箱 180℃预热。
2. 将通心粉煮 2 分钟，然后捞出保留少量面汤。
3. 小锅中放入黄油，文火，当黄油开始冒泡时加入牛至粉，炒出香味后加入牛奶煮微沸，直到边缘开始冒泡移开火。
4. 加入帕尔玛奶酪、盐、黑胡椒以及豆蔻粉，再移到火上，中小火搅拌，直到大部分奶酪融化，这样就得到了黏稠香浓的酱汁。如果你觉得酱汁过于黏稠，可适当加些面汤，用木勺充分搅拌均匀即可。
5. 将煮好的通心粉放入陶制烤碗中，倒入酱汁搅拌均匀，把剩余的奶酪撕碎撒在上面。
6. 入烤箱 15 分钟，直到表面金黄，表皮变脆即可。

小提示

● 散发着浓郁奶香味的通心粉是孩子们的最爱。帕玛森干酪是西餐意面和披萨常用的奶酪。奶酪种类也可随着个人喜好添加。常用的还有车达奶酪，带有浓郁的坚果味道。

● 牛奶一定要加热之后才可以与帕玛森奶酪混在一起，因为冷牛奶遇到奶酪容易结块，影响口感。

【一食一记】

这是一道简单易做的家庭式菜肴。

美国第三任总统托马斯·杰斐逊（Thomas Jefferson）出任美国驻法国代表期间，他对欧洲的饮食表现出很大的兴趣。他最感兴趣的食物之一就是通心面。1787 年，他回国时带回一台压面机，同时还画了一张压面机草图，该图至今还收藏在美国国会图书馆里。他对奶酪通心面在美国的传播有很大的贡献。

意大利番茄面

Italian Tomato Pasta

准备时间：10 分钟

制作时间：60 分钟

参考分量：4 人份

主料：

意大利面条 600 克

配料：

帕玛森奶酪 120 克、意大利番茄酱 600 毫升、番茄 8 个、意大利去皮番茄罐头 1 听

调料：

大蒜 6 瓣、牛至叶 15 克、新鲜法香 120 克、特级初榨橄榄油 120 毫升、粗盐和现磨黑胡椒混合 15 克

做法：

1. 将番茄放入 95℃左右的热水中烫半分钟，捞出后投入冷水中，迅速剥去外皮，再将其和大蒜切碎。

2. 把锅烧热之后倒入橄榄油，放入蒜炒香之后再加入番茄碎，小火炒 10 分钟，加入牛至叶和新鲜法香，最后倒入罐头装去皮番茄。用手持搅拌器将酱汁打成浓稠状，转文火继续炖 20 分钟，让香味充分融合。

3. 将意大利面煮熟。捞出面条沥干水分，将酱汁与面条放入一个锅中充分地搅拌均匀，最后撒入帕玛森奶酪碎。

小提示

意大利番茄酱可以适当多做些，因为第二天的味道会更好！

【一食一记】

帕玛森奶酪（Parmesan Cheese）与此款意面是最佳搭配。

在意大利，Parmesan奶酪被统称为Grana，意思是硬质、易碎的成熟奶酪，原因是这种奶酪水分含量很低。它也是世界上最古老的一种奶酪，已有七百年以上的历史。

迷你干果酥挞

Brandied Fruit Tartlets

准备时间：10 分钟

制作时间：60 分钟

参考分量：6 个

模具：圆形联排模具

（尺寸：直径 7cm，高 2cm）

主料：

派皮 9 寸 2 个（尺寸：230mm×230mm×40mm）、白兰地 250 毫升、果干（葡萄干、菠萝干）500 克、鸡蛋 1 个、核桃碎 200 克、蜂蜜 100 毫升

调料：

粗黄砂糖 10 克

做法：

1. 烤箱 180℃预热。
2. 先将各类果干用白兰地浸泡 4 个小时（如果提前浸泡 24 个小时，口味会更浓郁）。
3. 将浸泡好的果干切小丁，放入核桃碎和蜂蜜，用文火慢慢熬制收汁备用。
4. 将派皮面团从冰箱取出擀成 1 厘米厚度的面皮，并用模具抠出同等大小的小圆片 12 个，将 6 个圆片放入模具底部。另外 6 个圆片用饼干模具刻出喜欢的形状备用。
5. 将步骤 3 的食材均匀地填充到步骤 4 中制作的小圆片上，并将顶部面皮放在馅料上。
6. 蛋液均匀刷上，并撒上黄砂糖粒。入烤箱 20 分钟直至边缘变焦黄。
7. 将烤好的酥挞放凉后脱模，进行装饰即可。

小提示

由于馅料不能有太多水分，所以馅料熬制一定要文火，慢慢烤干水分。

【一食一记】

在西方，当你搬入新的环境时，邻里之间相互走动是一种文化，一般都会自做一款点心走访一下邻居。这也是中西方不太相同之处。

焦糖布丁

Cream Caramel

准备时间：10 分钟

制作时间：60 分钟

参考分量：5 个

（小模具尺寸：80mm×80mm×30mm）

布丁料：

牛奶 70 毫升、淡奶油 140 毫升、鸡蛋 3 个、白糖 40 克

焦糖料：

白糖 45 克、水 30 毫升

做法：

1. 烤箱 160℃预热。
2. 取小锅加糖和水，小火加热煮沸至呈现深琥珀色的黏稠状态，倒入事先准备好的模具中。
3. 将牛奶和淡奶油小火加热到边缘起泡即可关火，晾凉备用。
4. 在另外一个容器中将蛋黄和糖打发，颜色发白即可。
5. 再将温热的牛奶液体分次倒入打发的蛋黄中。充分搅拌均匀后，过筛混合液，倒入盛有焦糖水的模具里。
6. 将模具放在有深度的烤盘中，在烤盘里注入约 2 厘米高的温水，蒸烤 30 分钟。
7. 放凉后倒扣装盘即可。

小提示

牛奶与淡奶油混合不可以煮沸，倒入蛋黄液中时，过度受热会导致鸡蛋出现蛋花。

【一食一记】

焦糖布丁在欧美餐厅是一道颇受欢迎的甜点，因为可以提前准备并保证随时可以供应。

水果缤纷奶酪挞

Fruit Cheesecake Tart

准备时间：10 分钟

制作时间：60 分钟

参考分量：5 个

（小模具尺寸：80mm × 80mm × 30mm）

主料：

奶油奶酪 200 克、全麦消化饼干 200 克

配料：

黄油（室温）30 克、糖 80 克、柠檬汁 5 毫升、鸡蛋 1 个、香荚兰 1 枝

挞表用料：

时令水果、果酱（苹果酱）

做法：

1. 烤箱 170℃预热。
2. 将饼干放入保鲜袋中，用擀面杖压至细颗粒状态，加入在室温下软化的黄油进行搅拌。
3. 在烤盘上铺好烘焙纸后，把模具有距离地摆好，将搅拌好的饼干碎放入模具中压平。
4. 在另一容器中将奶油奶酪打发细腻，加入糖、柠檬汁以及香荚兰籽搅拌均匀，再分次加入蛋液，充分打发均匀直至细滑，然后倒入模具中，烤 35—40 分钟直至中间凝固。
5. 等到冷却之后放入冰箱冷藏 3 个小时以上。
6. 食用前脱模，装盘并在表面刷果酱、摆放水果进行装饰。

小提示

自然冷却可以防止蛋糕表皮开裂。

【一食一记】

糖胶（Glazes）主要涂抹在烘焙品表面，使其表面鲜亮夺目，防止表面变干。一般以杏子糖浆最普遍，在家里做可以用浅色果酱代替。使用时需要加热融化，加入少量水或者烈酒稀释，并且趁热刷到烘焙品上。

南瓜派

Pumpkin Pie

准备时间：10 分钟

制作时间：60 分钟

模具：派烤盘 8 寸

（尺寸：200mm × 200mm × 24mm）

基础派皮制作方法请见 54 页

主料：

8 寸派皮 1 个、南瓜 250 克

配料：

淡奶油 250 毫升、牛奶 125 毫升、肉桂粉 10 克、香荚兰 1 枝

调料：

红糖 250 克

做法：

1. 烤箱设定 180℃预热。
2. 将南瓜去皮切小块蒸熟，将蒸熟的南瓜用叉子碾成南瓜蓉。
3. 加入红糖、肉桂粉、香荚兰籽搅拌均匀之后，放入淡奶油和牛奶搅拌均匀。
4. 取出事先准备好的派皮擀好放入派盘中，去掉多余的边角，用叉子在派底均匀扎几下，防止派皮在烤制时鼓起，将南瓜蓉倒入派底。
5. 烤制 30—35 分钟，使其表面呈金黄色。取出放凉后，脱模。
6. 用淡奶油进行装饰后装盘。

小 提 示

● 南瓜本身水分大，所以在烤制过程中要避免火候过高。在烤制 20 分钟的时候最好观察一下南瓜表面是否太干，还可以用锡箔纸盖住南瓜，以保持其湿润度。

● 检查馅是否烤熟，可用叉子或者小刀插入，刀子拔出来时没有粘上过多黏稠物即可。

【一食一记】

1863年，美国总统林肯宣布，每年11月的第4个星期四为感恩节，感恩节庆祝活动便定在这一天。后来这一习俗沿袭下来，并逐渐风行各地。感恩节这一天，人们不管多忙都要和家人团聚，一起享受丰盛的节日晚餐，其盛大热烈的情形，不亚于我们中国人过春节。南瓜派是西方感恩节的传统家常甜点，基本每家都有自己独特的配方，成为一种应景的食物，可以一直延续到圣诞节。

纽约奶酪蛋糕

New York Cheesecake

准备时间：10 分钟

制作时间：60 分钟

模具：8 寸烤盘

（尺寸：200mm×200mm×40mm）

蛋糕底料：

全麦消化饼干 250 克、黄油 30 克

内馅料：

奶油奶酪 500 克、黄油（室温）100 克、香荚兰 2 枝、酸奶油 250 毫升、鸡蛋 4 个、白糖 125 克

做法：

1. 烤箱 170℃预热。
2. 将饼干放入保鲜袋中用擀面杖压至粉末状。黄油隔水加热融化，和饼干末混合搅拌均匀，再放入模具中压平至 1 厘米的厚度。
3. 奶油奶酪室温软化之后，加入黄油和白糖，用手持打蛋器打发细腻。再逐一加入酸奶油和鸡蛋蛋液，充分打匀。将香荚兰纵向划开，取出籽放入其中搅拌均匀。
4. 将奶酪馅放入步骤 2 的食材中，入烤箱烤制 20 分钟后，温度调制到 150℃继续再烤 40 分钟后取出。
5. 烤好的蛋糕要完全冷却之后再脱模，放入冰箱次日食用。

【一食一记】

1872 年，美国人发明了奶油奶酪（cream cheese），而奶酪蛋糕也于同年应运而生，掀开了甜品史上的重要一页。其中最经典的便是纽约奶酪蛋糕，又称美式奶酪蛋糕（American Cheesecake）。

四 冬季

冬季蔬菜数量少，品种也单调，尤其在我国北方地区，往往一个冬季过后，人体会出现维生素缺乏的情况。冬天可以适当多吃些薯类，如甘薯、马铃薯等，它们均富含维生素 C、维生素 B 等，可以补充因绿叶蔬菜摄入不足导致的维生素缺乏。不同种类的蔬菜所含营养成分各不相同，坚持每天多吃不同种类和颜色的蔬菜，才能充分平衡营养。

Winter

冬季时令菜

卷心菜（Green cabbage）

别名圆白菜、洋菜、包心菜、大头菜，为十字花科植物甘蓝的茎叶。卷心菜在国外地位很高，犹如白菜在中国的地位。卷心菜产量高、耐储存，是四季的蔬菜。卷心菜水分含量高而热量低，在西餐中常用于沙拉中。

根类蔬菜（All kind of Root vegetables）

根类蔬菜蛋白质含量为1%—2%，脂肪含量不到0.5%，碳水化合物含量相差较大，在3%—20%左右。根类蔬菜中，胡萝卜含胡萝卜素最高，每100克可达4130微克，居蔬菜之首；硒在大蒜、芋头、洋葱、马铃薯中含量较高。

洋葱（Onions）

洋葱已有5000多年历史，公元前1000年传到埃及，后传到地中海地区，16世纪传入美国，19世纪传到日本（明治时期），20世纪初传入中国。洋葱又分为红皮洋葱、黄皮洋葱、白皮洋葱。红皮洋葱味道微甜，一般在西餐沙拉中常用到，黄皮洋葱味道浓郁辛辣，适合烹饪。

洋葱是一种保健食材，可以清除体内氧自由基，增强新陈代谢的能力。

蒜（Garlic）

大蒜原产于欧洲南部和中亚，最早在古埃及、古罗马、古希腊等地中海沿岸国家栽培，汉代由张骞从西域引入中国，后种植遍及全国。蒜的种类有白皮蒜和紫皮蒜。

而蒜的保健功效在于蒜氨酸是大蒜独具的成分，当它进入血液时便成为大蒜素，这种大蒜素即使稀释10万倍，仍能在瞬间杀死伤寒杆菌、痢疾杆菌、流感病毒等。所以，无论中餐还是西餐，到处都可以看到蒜的身影。

香菇（Mushroom）

香菇是具有高蛋白、低脂肪、多糖、多种氨基酸和多种维生素的菌类食物。其栽培始于中国，至今已有800年以上的历史。冬春季生于阔叶树倒木上，群生。在西餐中也用途颇广，从酱料、汤、主菜中都能寻到香菇的影子。

购物筐

蔬菜、水果类

- 鳄梨果 □
- 紫甘蓝 □
- 豌豆 □
- 芝麻菜 □
- 洋葱 □
- 南瓜 □
- 鲜香菇 □
- 草菇 □
- 蒜 □
- 卷心菜 □
- 胡萝卜 □
- 土豆 □
- 红辣椒 □
- 干香菇 □
- 苹果 □
- 柠檬 □
- 橙子 □

肉、海鲜类

- 牛肉片 □
- 整只鸡 □
- 鸡胸 □
- 鸭胸 □
- 龙利鱼 □
- 培根 □

基础酱汁

- 意大利番茄酱 □
- 恺撒酱汁 □

乳制品类

- 马苏里拉奶酪 □
- 酸奶油 □
- 黄油 □
- 鸡蛋 □
- 牛奶 □
- 酸奶 □

面食类

- 低筋面粉 □
- 汉堡坯子 □
- 玉米饼 □

香草、香料类

- 肉桂粉 □
- 豆蔻粉 □
- 干百里香 □
- 香叶 □
- 丁香 □
- 鲜迷迭香 □
- 香荚兰 □

其他

- 苏打粉 □
- 泡打粉 □
- 姜粉 □
- 玉米淀粉 □
- 橄榄油 □
- 苹果醋 □
- 白兰地 □
- 果干混合（葡萄干、浆果干） □
- 巧克力 □
- 柠檬汁 □
- 红糖 □
- 白糖 □
- 盐 □
- 糖粉 □

冬季菜品

头盘

蘸酱三拼：

鳄梨蘸酱

Guacamole Dip

墨西哥番茄莎莎蘸酱

Tomato Salsa

蘑菇培根蘸酱

Mushrooms Bacon Dip

南瓜汤

Pumpkin Soup

卷心菜沙拉

Coleslaw

土豆沙拉

Potato Salad

主菜

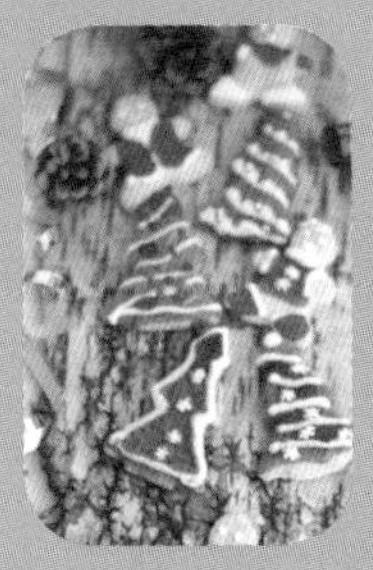

鳄梨蘸酱

Guacamole Dip

准备时间：10 分钟

制作时间：50 分钟

参考分量：4 人份

主料：

鳄梨果（熟透的）2 个、蒜半头

配料：

洋葱半个、鲜柠檬汁（1 个鲜柠檬）

调料：

盐 3 克、黑胡椒 3 克

做法：

1. 将洋葱、蒜切碎备用。
2. 将鳄梨果用小刀纵向切割后，去核去皮取出果实用叉子碾碎后，依次加入蒜泥、盐、黑胡椒、洋葱丁搅拌均匀。
3. 然后挤上鲜柠檬汁，防止其氧化变黑。
4. 密封放入冰箱 1 个小时之后食用。容器口一定要用保鲜膜包裹好。

小 提 示

鳄梨果的辨别与保存

- 外观：外皮黑亮，摸起来软硬适度就可以吃了。如果再继续放几天，其果肉就会氧化变黑，不能食用了。
- 软硬度：未熟透的牛油果外皮是青绿色，摸起来很硬，这样可以存放 1 个星期。挑选时选择饱满结实的。
- 储存：变软的牛油果如果不立即食用，放入冰箱还可以保存 2—3 天。

【一食一记】

鳄梨果因外皮像鳄鱼皮而得名，又名牛油果，果肉口感如黄油。

这是一款是美国加州特色的蘸酱，常和玉米片或者蔬菜一起搭配，是聚会时必不可少的开胃菜之一。

墨西哥番茄莎莎蘸酱

Tomato Salsa

准备时间：10 分钟

制作时间：40 分钟

参考分量：4 人份

主料：

番茄 3 个

配料：

洋葱 1 个、蒜 1 头、红辣椒 3 个

调料：

盐 6 克

做法：

1. 烤箱 200℃预热。
2. 先将洋葱、蒜分别切小块。
3. 番茄切四大块，与洋葱和蒜一起放入烤箱，烤制 15 分钟，烤至番茄皮翘起来即可。
4. 将少量底油放入平底锅中，把辣椒切丁放入中火炒软后加入烤好的番茄、洋葱和蒜，继续中火炒 20 分钟再放盐调味。最后用手持搅拌器打成颗粒状即可，放凉后入冰箱密封冷藏。

小 提 示

做好的蘸料装入密封罐中，放入冰箱可以保存 2 周。

【一食一记】

莎莎（Salsa）是拉丁舞的一种，起源于南美。两百年前，古巴是西班牙殖民者运输金矿的航运中转站。西班牙水手将钉子敲打的声音像变魔术一样变成奇妙的节奏（也是现今拉丁舞韵律的起源）让人感受到激情四射。

这款极富南美特色的蘸酱，不仅火红的颜色能让人感受到它的热情，同时也可以让人在味蕾上感受到其跳跃的节奏感。这是一般聚会时必不可少的开胃蘸酱之一。

蘑菇培根蘸酱

Mushrooms Bacon Dip

准备时间：10 分钟

制作时间：50 分钟

参考分量：4 人份

主料：

鲜香菇 3 个

配料：

培根 8 片、酸奶油 100 克、酸奶 100 克、黄油 10 克

调料：

百里香 10 克、大蒜 1 瓣、盐 6 克、黑胡椒 3 克

做法：

1. 先将鲜香菇、蒜分别切碎备用。培根切小块，平底锅加入少量黄油，待融化后放入培根，用中火慢慢地煎至酥脆，取出备用。

2. 煎培根多余的油加入蒜碎爆香后，加香菇丁炒出香味，文火炒 20 分钟直至香菇变软。依次加入一半煎好的培根、百里香、盐和黑胡椒。

3. 将炒好的香菇料放置温热，倒入搅拌器中，再加入酸奶油、酸奶一起搅拌均匀后再装入容器即可。

4. 将剩余的培根切碎装饰在上面即可。

小提示

为了增加口感，可以把培根再次回锅煎至干香，用纸巾吸去多余的油脂，然后搅拌到酱料中。

南瓜汤

Pumpkin Soup

准备时间：10 分钟

制作时间：60 分钟

参考分量：4 人份

主料：

南瓜 1 个

配料：

大蒜 1 头、葱 1 棵、蔬菜高汤 1000 毫升、植物油 50 毫升

调料：

盐 6 克、现磨黑胡椒 3 克、淡奶油（可选）

做法：

1. 先将南瓜去皮、取籽、取肉，煮好备用。大蒜、葱分别切碎。
2. 烧热的平底锅加入少量油，放入葱末和蒜末，炒出香味。
3. 在食品料理机中加入煮好的南瓜、蔬菜高汤和炒香的葱蒜，一起搅拌均匀，然后倒回锅中小火煮 15—20 分钟。最后加入盐和现磨黑胡椒调味。
4. 将汤倒入温热的碗中，根据个人喜好添加淡奶油。

小提示

南瓜口感微甜，依个人喜好还可以加入一些椰奶，非常符合孩子的口味。

卷心菜沙拉

Coleslaw

准备时间：10 分钟

制作时间：20 分钟

参考分量：4 人份

主料：

卷心菜 1 个、紫甘蓝半个、胡萝卜 1 根、洋葱半个

搭配酱汁：

蛋黄酱

做法：

1. 将蔬菜分别切丝。洋葱丝用盐腌制 15 分钟之后挤出多余的水分。
2. 将所有材料充分地搅拌均匀。最好将蔬菜丝先放入冰箱中冷藏 2 个小时。
3. 食用之前淋上酱汁，搅拌均匀即可。

小提示

- 沙拉冷藏后可以保持鲜脆，口感更佳。
- 胡萝卜如果不愿生吃的话，可以过水焯熟之后再入冰水滤一下，以保持干脆的口感。

【一食一记】

凉拌卷心菜是一道在欧美尤其是在北美很流行的沙拉。最早源自早期北美荷兰移民种植甘蓝，并将其切碎做成名为 koolsla 的沙拉。

土豆沙拉

Potato Salad

准备时间：10 分钟

制作时间：30 分钟

参考分量：2 人份

主料：

土豆 1 斤

配料：

芹菜秆 1 根、胡萝卜 2 根、鸡蛋 1 个

调料：

蛋黄酱

做法：

1. 把鸡蛋、土豆煮熟，鸡蛋对半切开备用。
2. 土豆、胡萝卜、芹菜切同等块备用。
3. 将胡萝卜和芹菜过水焯一下。
4. 先将蛋黄酱与土豆块搅拌均匀之后，再加入其他蔬菜充分地搅拌。

小提示

也可尝试在酱汁中加入酸奶，会有不一样口感。

【一食一记】

土豆又称马铃薯，传入中国至今已有三百多年的历史。

土豆沙拉在全世界有着不同的版本。虽然叫沙拉，但实际上算是一道主食，因为在西方，土豆就担当我们国内的米饭的角色，是餐桌上以及户外野餐中常见的食物。

香蒜烤鸡

Roasted Chicken with Garlic

准备时间：30 分钟

腌制时间：24 小时

制作时间：90 分钟

参考分量：4 人份

主料：

整鸡 1 只（1000 克）

配料：

大蒜 1 头、无盐黄油 125 克、柠檬 2 个、欧芹 1 小把、迷迭香 4 根、香叶 4 片

鸡腹腔的填充物：各类蔬菜根茎（包括胡萝卜、芹菜、洋葱）

调料：

粗盐 6 克、现磨黑胡椒 3 克

工具：

厨房用温度计

做法：

1. 将黄油、蒜末、盐和黑胡椒以及香料混合在一起作为调味黄油。
2. 从鸡的腹腔部位开始，把鸡皮与鸡肉的连接部位用小刀轻轻地拨开，用手轻柔地从鸡胸处分离鸡皮和鸡肉，将调味黄油抹在鸡皮下面。
3. 在鸡腹腔里塞满各类蔬菜根茎，用厨用麻绳把两只鸡腿反方向捆住。把迷迭香叶均匀插遍鸡肉全身。
4. 将处理好的整鸡放入深烤盘中，裹上锡箔纸后放冰箱冷藏 24 个小时。
5. 烤箱预热 190℃。
6. 烤制一个小时。其间需要将流到烤盘中的油和汁水淋到鸡身上，涂油的工作需要反复多次，直到整鸡外皮酥脆，变为深棕色。用厨房用温度计插入鸡腿肉最厚的部位，读数达到 74℃左右就可以。
7. 将烤好的鸡放入盘中，静置 10—15 分钟。
8. 食用前周围摆放切开的柠檬，还可以用迷迭香枝和烤制的大蒜头做装饰。

小提示

放入各类蔬菜根茎在鸡的腹腔内，主要是为了让鸡肉保持水分不干，蔬菜在烤制过程中会有大量水分直接渗入鸡肉。

由于中国的家用烤箱容量较小，无法烤制大的大鸡，所以改用国内能购买到的普通鸡替代。

【一食一记】

圣诞节吃火鸡的风俗在西方已有三百多年的历史了。火鸡的名字在英文中叫“土耳其”。因为欧洲人觉得它的样子有土耳其服装的特点：头红身黑。1620 年的圣诞节，大批来自英国的移民抵达美洲大陆的朴里茅斯山。当地物产贫乏，只有漫山遍野的火鸡，于是他们便捉来火鸡，作为过节的主菜。之后，烤火鸡便成为西方节日中一道必不可少美食了。

香橙鸭胸

Roast Duck with Orange Sauce

准备时间：10 分钟

制作时间：30 分钟

参考分量：2 人份

法式酱汁制作方法请见 37 页

主料：

带皮鸭胸 800 克

配料：

橙子 2 个、洋葱半个、香叶 2 片、丁香 2 克、植物油 25 毫升

调料：

蜂蜜 50 克、海盐 6 克、黑胡椒 3 克

混合生菜沙拉：

生菜 1 棵、红叶生菜 6 片，芝麻叶 1 把、橙子半个

沙拉酱汁：

法式酱汁

做法：

1. 鸭胸肉洗净擦干，在带皮的一面斜刀切菱形纹，加入盐和黑胡椒腌制 10 分钟。
2. 橙子去皮，取中间部位切 1 厘米厚片备用，其余榨汁。洋葱切丁备用。
3. 烤箱设定 180℃预热。
4. 中火烧热锅中的油，把鸭肉煎至两面皮焦黄。其间，鸭肉会溢出鸭油，可以盛出来备用。
5. 将鸭肉放入烤箱中，烤 10 分钟。同时准备沙拉，将各类蔬菜洗净后放入容器备用。
6. 平底锅烧热，倒入少量的油，将橙子片煎至上色，拿出放在盘中。
7. 熬制酱汁：用之前的少量鸭油煸炒洋葱丁，放入丁香、香叶炒香，再加入榨出的橙汁、蜂蜜、黑胡椒和盐转文火至汤汁变稠，离火。
8. 把鸭肉从烤箱取出，静置 5 分钟后切片装盘，淋上酱汁。
9. 将沙拉酱汁淋入沙拉中，搅拌均匀后，装盘，进行装饰。

小提示

煎鸭肉时，油温要热。同时烤箱要提前预热，这样煎的鸭肉放入温度一致的烤箱中，肉才不会变柴。

【一食一记】

法式鸭胸是一道家常菜。此菜橙香扑鼻，鸭皮焦香，鸭肉软而细嫩，颇受女士欢迎。

烤鱼玉米饼

Fish Tacos

准备时间：10 分钟

制作时间：30 分钟

参考分量：2 人份

恺撒酱汁制作方法请见 38 页

主料：龙利鱼柳 1 条（800 克）、玉米饼 4 张

配料：鸡蛋 1 个、玉米淀粉 30 克、青柠檬 1 个、植物油 750 毫升

调料：盐 3 克、白胡椒粉 3 克

配菜：卷心菜、洋葱

搭配酱汁：恺撒酱汁

做法：

1. 将龙利鱼柳用厨房用纸吸干水分。
2. 盐、白胡椒混合均匀，作为调味粉备用。
3. 蛋液、调味粉、玉米淀粉分别放入浅盘备用。
4. 将鱼柳切块并均匀蘸满调味粉，拖一层蛋液，最后裹一层玉米淀粉备用。
5. 在一个深锅中倒入油，中高火加热，油温达 190℃时，放入鱼片炸至金黄色捞出。中火复炸 3 分钟，待表面焦黄即可，盛出后控油。
6. 拌配菜，将各类蔬菜切丝并且淋上酱汁充分地搅拌均匀。
7. 将炸好的鱼块放入玉米饼中，上面放入蘸酱，最后放上拌好的沙拉，卷起即可。也可以挤上几滴鲜青柠檬汁在鱼柳上。

小提示

如果不喜欢油炸的方式，也可将鱼柳放入烤箱中，设定 175℃烤至 9—11 分钟，用叉子很容易弄开鱼块就表明熟了。

【一食一记】

在美国加州居住那段日子，墨西哥的玉米饼是我的最爱。主要是因为其分量不大而且很像中餐的卷饼，里面可以有菜、肉、豆类等。

玉米饼是墨西哥的主食。而传统的玉米饼搭配的是肉糜、豆子酱、奶酪和特有的墨西哥泡辣椒或墨西哥辣椒酱。

懒人汉堡

Sloppy Joes

准备时间：10 分钟

制作时间：35 分钟

参考分量：4 人份

主料：

牛肉片（臀肉）500 克

配料：

洋葱 1 个、蒜 1 头、番茄酱 1 听、汉堡坯 4 个、水 15 毫升、苹果醋 15 毫升、植物油 20 毫升

调料：

盐 6 克、红糖 15 克、黑胡椒 6 克

做法：

1. 先将牛肉切丝，并加入盐和黑胡椒腌制 15 分钟。把洋葱切丝、蒜切碎备用。

2. 加热平底锅，加入油之后高火爆炒牛肉至变色，加入两大勺番茄酱和苹果醋，转为中火 6 分钟，直到肉变为淡棕色再加入红糖调味，取出备用。

3. 将洋葱切丝加入蒜瓣碎、盐和黑胡椒炒 5 分钟，直到洋葱变为半透明，出香味。

4. 锅内倒入剩余的番茄酱和水，中火熬到汤汁浓稠，最后加入牛肉加入味。

5. 汉堡坯加热：一般超市均可以购买到汉堡坯，对半切开在平底锅中放入少量油，加热至边缘焦黄，将炒好的牛肉夹在汉堡中即可。

小提示

这道菜也可以使用家中剩余的烤肉或炖肉来制作，加以佐料调味，风味独特。

【一食一记】

Sloppy的中文意思是邋遢。此款汉堡因汤汁比较多，所以吃起来的样子不够文雅。懒人汉堡据说是源于1930年美国爱荷华州的苏城（Sioux City）。实际上是一种三明治夹杂牛肉、洋葱、番茄酱、伍斯特沙司和其他调味料。在北美以及加拿大都存在不同风格的懒人汉堡。

最吸引人的主料就是经过长时间炖煮的肉（可以使用猪肉、牛肉或者羊肉），味道醇厚，是一道制作快速简易的家庭式菜品，老少皆宜。

鸡肉馅饼

Chicken Pot Pies

准备时间：10 分钟

制作时间：60 分钟

模具：4 个

（尺寸：80mm×80mm×30mm）

主料：

鸡胸 200 克

配料：

洋葱 1 个、胡萝卜 1 根、豌豆 100 克、蘑菇或者草菇 100 克、鸡蛋 1 个、派面皮 8 寸 2 张、鸡汤 250 毫升、黄油 50 克、面粉（薄面）10 克、欧芹（干）5 克、百里香（干）5 克

调料：

盐 10 克、黑胡椒 6 克

做法：

1. 将鸡肉放入锅中，煮开撇去浮沫，关小火煮。煮熟的鸡胸捞出，切丁备用。
2. 再将欧芹和百里香放入锅中，煮 15 分钟之后，将煮好的鸡汤过滤一下，保留鸡汤。
3. 将胡萝卜、蘑菇、洋葱切小块。把平底锅烧热放入黄油使其融化，再放入豌豆、蘑菇、胡萝卜、洋葱块炒到蔬菜开始变软释放出香味。倒入鸡汤烧开后转小火，最后加入鸡丁直到汤汁收紧。加入盐、黑胡椒入味。起锅离火，待其完全冷却。
4. 烤箱 180℃预热。
5. 在操作台上撒少许面粉，取出事先准备好的派皮，擀成 1 元硬币厚度的面片，按照模具大小做出八份，分别做底和盖。
6. 将馅料放入有派底的模具中，再用面皮盖住，边缘捏紧，去掉多余的面皮。在面皮盖上用刀划十字。刷蛋液后，入烤箱烤 20 分钟。直到饼皮变得酥脆，色泽金黄，中间有汁水冒泡。烤好的鸡肉派需静置几分钟后食用。

小提示

面团擀开后，如果变得太软或开始回缩，需要放回冰箱再次冷却。

【一食一记】

西餐的馅饼就如中国的烧饼一样，是非常普及的一道家常菜。稍有区别的是烹饪方式：中餐以煎为主，西餐以烤为主。知名的有：英国肉馅饼（Cornish Pasty）和加拿大肉馅饼（Tourtière）。

菌菇披萨

Mushroom Pizza

准备时间：10 分钟

制作时间：40 分钟

模具：9 寸披萨烤盘

（尺寸：230mm×230mm×40mm）

主料：

9 寸披萨面坯 1 个

配料：

马苏里拉奶酪 100 克、香菇、草菇、干发类蘑菇各 6 朵、蒜 1 头、迷迭香 1 枝、橄榄油 15 毫升

调料：

盐 3 克、黑胡椒 3 克

做法：

1. 烤箱设定 240℃预热。
2. 提前泡发干性蘑菇。蒜、香菇、草菇切片备用。
3. 倒入少量的橄榄油在平底锅中，放入蒜煸香之后加入菌菇块煸炒至香气出来，最后加入迷迭香。
4. 将披萨面坯放入披萨烤盘中，用手指由中心向边缘轻轻地按压，尽量厚薄均匀。放入奶酪，然后将炒制的菌类放入，最后再撒入奶酪丝。
5. 入烤箱烤 8—10 分钟，表面的奶酪膨起后上色就可以了。

【一食一记】

马苏里拉奶酪是意大利坎帕尼亚那不勒斯产的一种淡味奶酪。在意大利被称为“奶酪之花”，因为质地潮润香滑，菜肴制作上与西红柿和橄榄油搭配更是相得益彰。

圣诞姜饼

Ginger Cookies

准备时间：10 分钟

制作时间：60 分钟

参考分量：12 块

主料：面粉 500 克

配料：黄油（室温）100 克、鸡蛋 1 个、姜粉 15 克、肉桂粉 5 克、苏打粉 2.5 克、泡打粉 2.5 克

调料：红糖 125 克、盐 5 克

糖霜：糖粉 500 克、鸡蛋白 1 个、柠檬汁 6 毫升

做法：

1. 烤箱 180℃预热。
2. 将在室温下软化的黄油用手持打蛋器搅拌，分次加入红糖打发。再加入打散的鸡蛋液，搅拌均匀直至细腻。
3. 在另外一个容器中将过筛的面粉、肉桂粉、苏打粉、泡打粉、姜粉和盐混合搅拌均匀后，再加入步骤 2 的食材，并用刮刀缓慢地进行翻拌。
4. 将面团擀成 1 厘米厚度，用模具压出饼干的各类形状，放在烤盘上。
5. 入烤箱烤制 8 分钟（如果想要饼干口感更脆些，可以适当地延长 2—3 分钟）。
6. 准备好糖霜以及装饰材料，可以以红、绿、白为主调进行装饰。

小提示

表面糖霜的制作：糖粉加入蛋白进行打发，打发到干性发泡状态即可。

【一食一记】

相传在十字军东征的时候，“姜”是一种昂贵的进口香料，因此只在像圣诞节、复活节这样重要的节庆日使用。把姜加入蛋糕或饼干中用以增加风味，并有驱寒的功用。久而久之，姜饼就成了圣诞节的一道甜品。在被赋予了圣诞节的气氛之后，姜饼很快就流传开来，成为圣诞节应景的甜点。在法国北部和德国，每年的12月6日圣尼古拉斯节时，教父、教母都会在这一天送出各种形状的姜饼给孩子，或将姜饼偷偷地放入孩子们准备好的袜子内。

布朗尼

Brownies

准备时间：10 分钟

制作时间：60 分钟

模具：8 寸方形 1 个

（尺寸：219mm×219mm×80mm）

主料：

低筋面粉 375 克

配料：

巧克力 125 克、黄油 125 克、鸡蛋 2 个、水 30 毫升、泡打粉 1.5 克、香荚兰 2 枝、肉桂粉 5 克

调料：

红糖 350 克、盐 1.5 克

做法：

1. 烤箱设定 180℃预热。
2. 将过筛后的低筋面粉、泡打粉、肉桂粉和盐混合在一起。
3. 巧克力隔水融化后加入黄油，用木勺不断搅拌直至全部融化后，分次加入红糖充分搅拌。再依次加入蛋液、香荚兰籽和水。
4. 最后加入步骤 2 的食材，将木勺沿着盆底边缘翻拌。
5. 将模具内壁涂一层黄油，倒入面糊，入烤箱烤 20—25 分钟，中间烤到 20 分钟时可以检查一下。用牙签插入蛋糕，如果拔出的牙签没有黏稠物，就表明蛋糕烤好了。否则再继续烤 5 分钟。
6. 烤好的成品放凉 10 分钟后，脱模切块食用。

小提示

要避免搅拌过度产生太多的面筋，而导致蛋糕不松软。切块时，将刀子蘸水后再切，切出的蛋糕会更整齐些。

【一食一记】

布朗尼蛋糕，又分巧克力布朗尼蛋糕、核桃布朗尼蛋糕或者波斯顿布朗尼蛋糕。19 世纪末发源于美国，据说是一位黑人老妈妈在厨房里做松软的巧克力蛋糕时，忘记了先打发奶油，却意外成就了美味，而这个甜蜜的错误也让布朗尼成为美国家庭最具代表性的甜品。

泡芙

Puff Pastry

准备时间：10 分钟

制作时间：60 分钟

参考分量：24 个

主料：

面粉 150 克、4 个鸡蛋

配料：

牛奶 125 毫升、水 200 毫升、黄油 100 克

调料：

糖 5 克、盐 3 克

奶油馅基础配方：

淡奶油 100 毫升、糖 300 克、黄油 70 克

做法：

1. 烤箱设定 200℃预热。
2. 锅中加入牛奶，中火煮至边缘冒小泡，再加入糖、盐和黄油，直至完全溶化时关火。
3. 放入过筛的面粉并不断地用木勺搅拌，直至其成为糊状。
4. 转为文火慢慢地加入鸡蛋液，轻轻地搅拌面糊至完全混合，且质地光滑柔顺，挂在木勺上不掉为止。
5. 面糊放入裱花袋，在烤盘上铺好锡箔纸或者烘焙用纸，并将面糊有间距地摆在烤盘上。
6. 烤 10—15 分钟，直至泡芙发起来之后再下调到 180℃，烤制 20 分钟，表面金黄即可。
7. 黄油在室温软化后用打蛋器搅拌，分次加入糖打发。加入淡奶油继续打发至出现细腻纹路。
8. 将奶油装入裱花袋中，从泡芙底部轻轻地挤入，可以听到啪的声音并感觉泡芙在手里膨胀即可。将制作好的泡芙摆盘。

小提示

在挤面糊时候，最后用手指蘸水，将面糊最上面的尖抹平，避免烤焦。

【一食一记】

传统的泡芙因为外形长得像圆圆的甘蓝菜，因此法文名为Chou，而长形泡芙在法文中叫 Eclair，意为闪电。因国人爱吃长形的泡芙，且能在最短时间内吃完而得名。

泡芙是吉庆、友好、和平的象征，人们在各种喜庆的场合中，都习惯将其堆成塔状，称泡芙塔（Croquembouche）。

苹果派

Apple Pie

准备时间：10 分钟

制作时间：60 分钟

模具：8 寸派烤盘

（尺寸：200mm×200mm×24mm）

主料：

8 寸派皮 2 个、中型苹果 7 个

配料：

柠檬汁 15 毫升、玉米淀粉 45 克、肉桂粉 5 克、豆蔻粉 5 克、葡萄干 15 克（依个人爱好加入）

调料：

糖 45 克、盐 5 克

做法：

1. 烤箱设定 180℃预热。
2. 将苹果去皮去核切小块，加糖、肉桂粉和豆蔻粉并挤入柠檬汁腌制 1 个小时。
3. 将腌制好的苹果放入烤箱烤制 40 分钟。
4. 同时开始制作苹果派底部，将事先做好的派皮擀成 1 元硬币厚度放在模具中，用叉子在派底部均匀地扎几下，以防在烤制时鼓起。
5. 将玉米淀粉与烤好的苹果馅充分搅拌之后，放入派皮中。
6. 另外一块面皮同上擀成一定的厚度后，用花剪将派皮剪成同宽度的条。并交叉排列在派表面上编制成斜井字形。边缘整形后去除多余的面皮。

7. 刷蛋液，入烤箱烤 50 分钟即可。

8. 烤完的苹果派可以热食也可以放凉再食用。

小提示

要避免搅拌过度产生太多的面筋，而导致蛋糕不松软。切块时，将刀子蘸水后再切，切出的蛋糕会更整齐些。

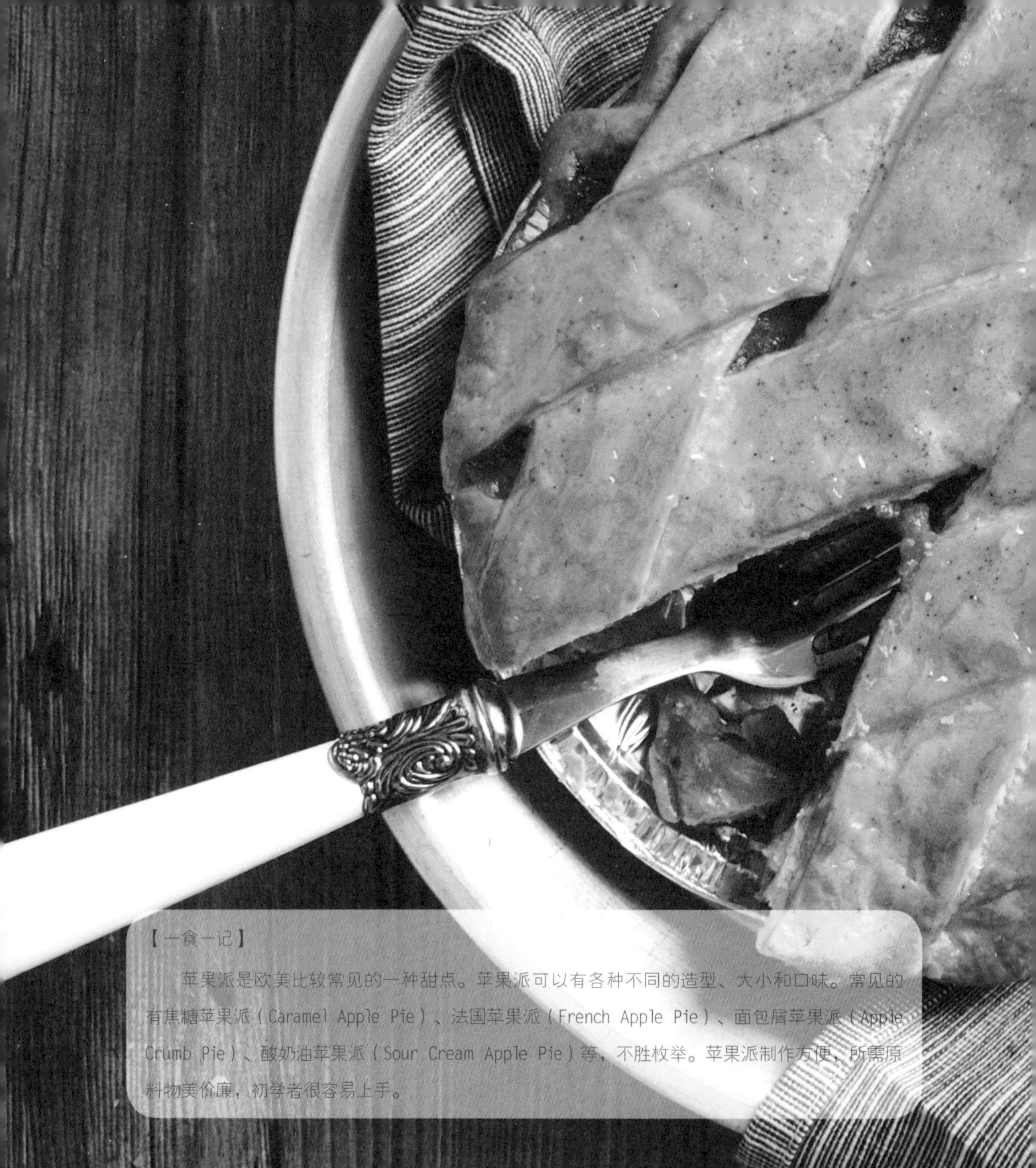

【一食一记】

苹果派是欧美比较常见的一种甜点。苹果派可以有各种不同的造型、大小和口味。常见的有焦糖苹果派（Caramel Apple Pie）、法国苹果派（French Apple Pie）、面包屑苹果派（Apple Crumb Pie）、酸奶油苹果派（Sour Cream Apple Pie）等，不胜枚举。苹果派制作方便，所需原料物美价廉，初学者很容易上手。

英式水果蛋糕

Rich Fruit Cake

准备时间：10 分钟

制作时间：60 分钟

参考分量：12 块

主料：

低筋面粉 500 克、白兰地 250 毫升、各类混合干果脯（杏脯、红白葡萄干、蔓越莓干）1000 克

配料：

红糖 200 克、鸡蛋 3 个、黄油（室温）250 克、盐 3 克、香荚兰 1 枝

做法：

1. 烤箱设定 180℃预热。
2. 先将各类干果脯切小块，用白兰地浸泡 4 个小时（如果提前浸泡 24 个小时，口味更佳）。
3. 将在室温软化下的黄油用手持打蛋器搅拌，分次加入红糖打发。再加入打散的鸡蛋液，搅拌均匀且细腻后加入香荚兰籽。
4. 过筛的低筋面粉加入步骤 3 的食材中，同时再加入浸泡过的干果脯粒、盐翻拌均匀直至没有干的面粉。将其倒入事先涂抹了黄油的模具中，填满之后轻叩几下，让多余的空气排出。入烤箱中层烤 40 分钟。
5. 蛋糕放凉后再脱模装盘，可以搭配圣诞气氛浓郁的热红酒。

小提示

- 各类水果干用白兰地提前浸泡 24 个小时，口味会更浓郁。
- 食用不完的蛋糕在储存时，用浸泡白兰地的湿布盖住，风味会一直保持。

扫描上方二维码，观看制作视频

【一食一记】

水果蛋糕是西方婚礼或者是圣诞节时经常出现的一款甜品，装饰气氛极强！

最早的制作方法是从古罗马传过来的，那时候多使用石榴种子、松子和葡萄干；到了中世纪，添加了蜂蜜和香料来延长水果蛋糕的食用期限。在不同国家，水果蛋糕的制作存在不同的差异。由于水果蛋糕使用了大量的糖，所以保质期比一般的蛋糕要长。

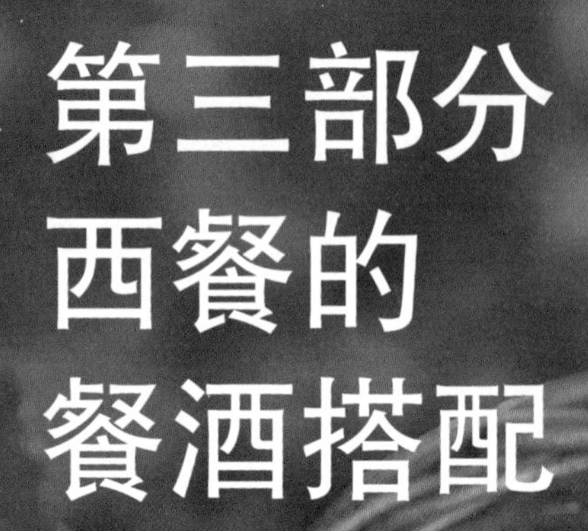

第三部分 西餐的餐酒搭配

在西餐中，葡萄酒是用来佐餐的最佳饮品。当一款酒遇到风味匹配的食物时，会让你的味蕾体验到前所未有的愉悦。这里，我们简单地介绍一些搭配的基本法则，同时附上比较实用的餐酒搭配指南表，供大家参考。

Food & Wines

1. 干性起泡酒搭配咸鲜菜肴

大多数的干性起泡酒，如法国香槟（Champagne）和西班牙的卡瓦（Cava），会具有一丝甜味，与咸鲜食物搭配在一起，会使食物尝起来格外新鲜。

2. 长相思（Sauvignon Blanc）与酸味菜搭配

酸味重的食物通常香气比较浓郁，但却和长相思的风味和香气相得益彰。

3. 灰皮诺（Pinot Grigio）搭配清淡鱼肉

清淡的海鲜与精致的白葡萄酒搭配可以提升菜肴的风味。

4. 霞多丽（Chardonnay）搭配肥美的鱼类

霞多丽口感圆润，搭配富含油脂的海鲜，会使食物更加鲜美。

5. 雷司令（Riesling）搭配甜美芬芳的食物

雷司令、琼瑶浆（Gewurztraminer）口感微甜、气味芳香，适合做甜辣口味等亚洲菜肴的佐餐酒。

6. 黑皮诺（Pinot Noir）搭配菌类菜肴

采用蘑菇以及松露烹制的菜肴搭配黑皮诺，具有浓郁的咸香风味。

7. 西拉（Shiraz）搭配口感重的食物

西拉、马尔贝克（Malbec）风味浓郁、酒体厚重，适合搭配口感重的酱汁类食物。

8. 赤霞珠（Cabernet Sauvignon）搭配红肉

波尔多风格的酒适合搭配红肉，令肉菜咀嚼起来回味无穷。

餐酒搭配指南表

类 别	葡萄品种	典型的特征	适合搭配
红葡萄酒	赤霞珠 Cabernet Sauvignon	具有如黑樱桃、黑莓般的浓郁果香，口感酸度高。	红肉
	美乐 Merlot	富有红色水果如红樱桃、李子的香气，口感酸度适中，单宁柔顺。	红肉
	黑皮诺 Pinot Noir	富有红色水果如红樱桃、覆盆子的香气，陈酿的有蘑菇、动物皮毛味道，因香气多变和细腻著称。	菌类菜肴
	西拉 Shiraz	具有浓郁的新鲜黑莓、黑浆果香味，单宁柔和。	口感重的食物
白葡萄酒	雷司令 Riesling	富有青柠檬、柚子和小白花香气，口感酸度高，轻酒体，香气精巧。	甜美芬芳的食物
	霞多丽 Chardonnay	富有青苹果、桃子等水果香气；口感酸度高，轻酒体。	肥美的鱼类
	长相思 Sauvignon Blanc	带有雨后青草、芦笋、柠檬、柚子香气。此款的著名识别特征就是具有猫尿味。黑醋栗芽苞这个味道是经典的长相思味道。	酸味菜
	琼瑶浆 Gewurztraminer	具有浓郁的荔枝、玫瑰、丁香花味道，口感偏油质，重酒体，酒精度高。	甜美芬芳的食物

致谢

在编写这份书稿近两年的时间里，我很感恩身边有一直帮助和支持我的朋友们，没有他们的鼓励和协助，我是无法完成这本书的。

特别感谢知名烹饪大师们传授给我许多专业知识，使我受益匪浅。

另外，要感谢我的铁杆吃货闺蜜，她们对菜品的反馈增加了我的自信，不仅如此，她们也给予了我大力地支持，包括食谱的调整、文字的校对，让这本书拥有更独特的视角。

全书的菜品由我自己制作和拍摄，在这里要感谢我的小团队成员大蕾、凯稚的无私奉献。

最后，要感谢国际美食厨艺联盟专业美食视频——厨之道协助拍摄的视频，欧美佳电、欧美佳宴和 Chef’s Dream 厨梦人生“SALT 盐”提供相应的厨房设备和刀具小知识，Meat Mate 鲜食肉铺提供了相应的牛肉烹饪小知识。

这本书是我的处女作，我计划能有后续的菜谱书在不久的将来与大家见面。书中的不足之处还希望大家多多指教。谢谢！

图书在版编目（CIP）数据

天使厨房·四季西餐 / 钟乐乐著. —济南：山东画报出版社，2018.4

ISBN 978-7-5474-2590-9

Ⅰ.①天… Ⅱ.①钟… Ⅲ.①西式菜肴—菜谱 Ⅳ.①TS972.188

中国版本图书馆CIP数据核字（2017）第239028号

书　　名　天使厨房·四季西餐
　　　　　TIANSHI CHUFANG SIJI XICAN
联合策划　北京一顾倾城文化发展有限公司
装帧设计　邓慧蕾
责任编辑　郭珊珊
美术编辑　王　芳
出 版 人　李文波
主管部门　山东出版传媒股份有限公司
出版发行　山东画报出版社
　　　　　社　　址　济南市胜利大街39号　邮编 250001
　　　　　电　　话　总编室（0531）82098470
　　　　　　　　　　市场部（0531）82098479　82098476（传真）
　　　　　网　　址　http://www.hbcbs.com.cn
　　　　　电子信箱　hbcb@sdpress.com.cn
印　　刷　北京荣宝燕泰印务有限公司
规　　格　170毫米×200毫米
　　　　　14.25印张　187幅图　150千字
版　　次　2018年4月第1版
印　　次　2018年4月第1次印刷
印　　数　1—5000
定　　价　56.00元

如有印装质量问题，请与出版社总编室联系调换。
建议图书分类：西餐料理　烹饪 / 美食